TRACKING FORCE ADJUSTMENT V1

RECREATED LIMITED EDITION   No. 001

33   PROGRAM MODUL   45

START   <   ∨∧   >   STOP

REVOLUTION

The History of Turntable Design

REVOLUTION
The History of Turntable Design

重现模拟之声
黑胶唱机设计史

[美] 吉迪恩 · 施瓦茨（Gideon Schwartz）著

王经源 译　潘志强 审

人民邮电出版社

北 京

目录

6 序

引言（1） 9

1857—1919：声学时代

引言（2） 37

1920—1949：早期电子时代

第一章 59

20世纪50年代

第二章 89

20世纪60年代

第三章 119

20世纪70年代

第四章 153

20世纪80年代及90年代

第五章 195

21世纪初

250

注释

252

索引

262

致谢与作者简介

263

图片来源

1989年，由于糟糕透顶的短视和肤浅，我卖掉了我的两台珍贵的黑胶唱机：一台带有T3线性循迹臂的Goldmund Studio，以及一台带有EPA-120唱臂的Technics SL-1200。前者是我真正的High-End黑胶唱机，而后者则让我幻想自己将来可能成为一名DJ。对于一个来自长岛的犹太孩子来说，自从野兽男孩乐队（Beastie Boys）打破了那种存在主义模式（译注：野兽男孩是最早的由犹太成员组成的嘻哈乐队，之前的嘻哈乐队主要由非洲裔和拉丁裔青年组成），这并不是一个遥不可及的梦想。

然而，黑胶唱片的时代似乎即将结束。索尼停止了黑胶唱片的出品并关闭了它的压片工厂[1]。索尼并不是唯一一家这样做的企业。在20世纪80年代末和90年代初，在模拟艺术形式存在了近一个世纪之后，黑胶唱片在全球范围内落下帷幕，出现了笃定的消亡趋势。现在回想起来，我不明白自己为什么会背弃了人类前所未有的音乐档案以及与之相伴的搭档——唱机，一个看似简单的工业设计对象，它的价值通过大部分隐藏的工程部件体现。

和大多数人一样，那时的我正趁着数字化浪潮，购买了大量的CD（激光唱片），同时越来越懒得应付黑胶唱片播放时伴随的烦琐操作。作为一个年轻且易受影响的人，我很容易被音乐行业的偏见，以及无处不在的鼓吹数字媒体优越性的市场营销所诱惑；我随波逐流，感官迟钝了，对音乐的好奇心也有所减弱。尽管黑胶唱片的早期盛行有一些值得注意的例外，例如20世纪90年代德国的锐舞和电子音乐，让LP在该国维持了长达10年的创新与成长，但更大范围的现实对模拟技术及设备而言并不乐观。黑胶唱片的退潮是可以理解的，也是可以预料的，因为这种艺术形式屈服于技术造成的灾难及其隐含的进步幻觉，此二者的嵌合体是更高的音乐保真度和满足感。

说到这里，我们又该如何解释当前黑胶唱片及唱机的复兴？截至2020年秋季，黑胶唱片的销量几十年来首次超过CD，成为占主导地位的实体音乐格式。[2]每年的唱片店日（Record Store Day）活动庆祝着过去10年中出现的无数唱片店，而当代唱片圈子已经挤满了收藏家。这说明技术所拥有的无休无止的前驱力有可能让步于过时且原始的技术。就LP而言，这种逆转可以用人们对触觉愉悦的天生需求来解释，例如将LP放在唱机上再将唱针放在唱片上时所体验到的那种感觉。动力始终如一：以最直接的方式重现录音室中或舞台上的原始声景。体验与原始事件相似的音乐，这个基本且直觉的欲望成为催化剂和驱动力，我们都是这台无与伦比的时光机器的最终受益者。

这个主题可能会诱使人们去探索跨学科方向，但本书的主要内容是对工业唱机设计的简明历史性的叙述，同时也将涵盖唱臂和唱头（亦称拾音头）。尽管可以聚焦于面向发烧友的High-End设计，但这种狭隘的倾向会排除一些值得讨论的典型案例。考虑到这一点，本书将赏析发烧

友认可的唱机设计范例，例如西川英章在20世纪80年代传奇的Micro Seiki
（美歌）SX-8000唱机，同时追溯他当前的TechDAS Air Force系列的演化。
而超出发烧友范围的唱机以及作为对应设计的将包括Bang & Olufsen标志性
的Beogram 4000C或者迪特尔·拉姆斯启示性的极简主义的PS 2。进一步扩
展，建筑术语"粗野主义"可能适合描述具有稳固花岗岩底座的夏普Opton-
ica。而在更轻盈、更异想天开的层面上，20世纪70年代的科幻小说启发了
Electrohome Apollo系列，为唱机鉴赏提供了更多样、更广泛的样例。

　　这本书的独特之处在于其涵盖了与唱机设计有着内在联系的模拟音响文化
的多个方面。例如，如果没有直驱唱机设计的发展，即Technics SL-1200，
20世纪70年代的DJ文化就不会蓬勃发展。反过来，SL-1200的开发则直接源
自Technics从DJ和舞池收到的反馈。为了阐述模拟音乐形式，本书还讨论了
从爱德华-莱昂·斯科特·德·马丁维尔、查尔斯·克罗斯、托马斯·爱迪生
及埃米尔·柏林纳的设想演化而来的声学时代设计，以及数十年以来关键音
乐流派与众彩纷呈的模拟音响审美之间的千丝万缕的联系[3]。

　　托马斯·爱迪生，不仅发明了留声机，还发明了电影摄影机和电力配送
系统，积累了1093项美国专利。他在1921年的如下回答启发了我写这本书：

　　　我认为我最伟大的发明是什么？好吧，我对此的回答是我最喜欢留声机。
　　毫无疑问，这是因为我热爱音乐。而且，它给全国乃至全世界数百万的家庭，
　　带来了如此多的欢乐。音乐对人类的思想如此有益，它自然成为我满足感的源
　　泉，因为在某种意义上，我让数以百万计的人可以听到最好的音乐，他们本来
　　可能负担不起聆听最伟大的艺术家歌唱和演奏所必须付出的费用和时间。[4]

1857—1919: 声学时代

○○　**爱德华–莱昂·斯科特·德·马丁维尔**

1857年，法国人爱德华–莱昂·斯科特·德·马丁维尔（Edouard–Léon Scott de Martinville），一位业余但好学的科学家，为过去一百多年以来所制造的每一台唱机绘制了机械蓝图。这个久远的技术DNA奠定了模拟唱片的播放标准，即循着唱片上横向切刻的声槽而横向移动的唱针。这一遗产实现了他的愿望，即"通过图形轨迹再现声波运动中最微妙的细节"[5]。他的装置被称为"声波记振仪（phonautograph）"，其目的是再现声音振动的视觉记录。[6]它的存在时间短暂且无足轻重，在推出后不久就退役到华盛顿特区的史密森学会美国国家历史博物馆，但这掩盖不了他的创造力光芒。

斯科特·德·马丁维尔的实验重点是对人类耳膜的运作进行逆向工程研究，"部分复制人耳，仅在其物理装置中，使其符合我心目中的目标"[7]。通过使用肠衣（牛肠膜的外层）和黄杨木来复制人耳的内部结构——即鼓膜和听小骨——在装置的喉部（基本上复制了人耳的耳道）捕捉到声波振动。声波产生振动，同时手摇圆柱产生机械运动，进而引起针尖（在本例中为硬刷毛）在油黑纸上蚀刻出图案。1857年3月25日，声波记振仪被授予法国专利，专利号为17 897/31 470[8]。

尽管声波记振仪是一项非常迷人和引人注目的发明，但它在一个基本方面失败了：它无法从听觉上重播录音。取而代之的是，它创造了铭刻录音的视觉呈现，称为声音图谱（phonautogram），斯科特·德·马丁维尔认为可以把它当作印刷品或文本来阅读[9]。播放功能的根本性缺失打破了这个设备的主要意图，于是发明家放弃了他的发明，转而成为巴黎的书商[10]。近150年之后，斯科特·德·马丁维尔的努力才被发掘出来并恢复生机，并赋予声波记振仪"书写式"模拟声音再现的鼻祖地位。

斯科特·德·马丁维尔的纸质录音作品之一"No.5"是18世纪法国民歌"《在月光下》"（*Au Claire de la Lune*）。它于1860年4月9日录制，并一直保存在巴黎档案馆，直到2008年，加利福尼亚州劳伦斯伯克利国家实验室的科学家开始研究这块9英寸×25英寸（22.9厘米×63.5厘米）的破布纸录音。他们利用数字成像技术将古老的代码转换为数字文件，成功地从烟灰熏黑的声音图谱中提取声音。录制了一个半世纪后，"重播的"声音低沉但可闻，以轻快的十一个音符旋律唱着"在月光下，皮埃罗回答道"——一支幽灵般的曲调，从中飘出[11]。如果斯科特·德·马丁维尔能够听到这张语音图谱，他会认可播放效果吗？毕竟，他的目标本身并不是声音，而是"写下语音"作为音乐意图的证据[12]。这个事实让托马斯·爱迪生在20年之后成为第一个有效重放声音的人，历史保留了每个发明家各自的贡献。

0.1　爱德华–莱昂·斯科特·德·马丁维尔的声波记振仪专利插图，1857年3月25日公开

0.2　根据爱德华–莱昂·斯科特·德·马丁维尔的要求制作的声波记振仪，R.柯尼格，1865年

0.3　爱德华–莱昂·斯科特·德·马丁维尔1857年平板声波记振仪复制品，安东·斯托尔温德制作，2016年

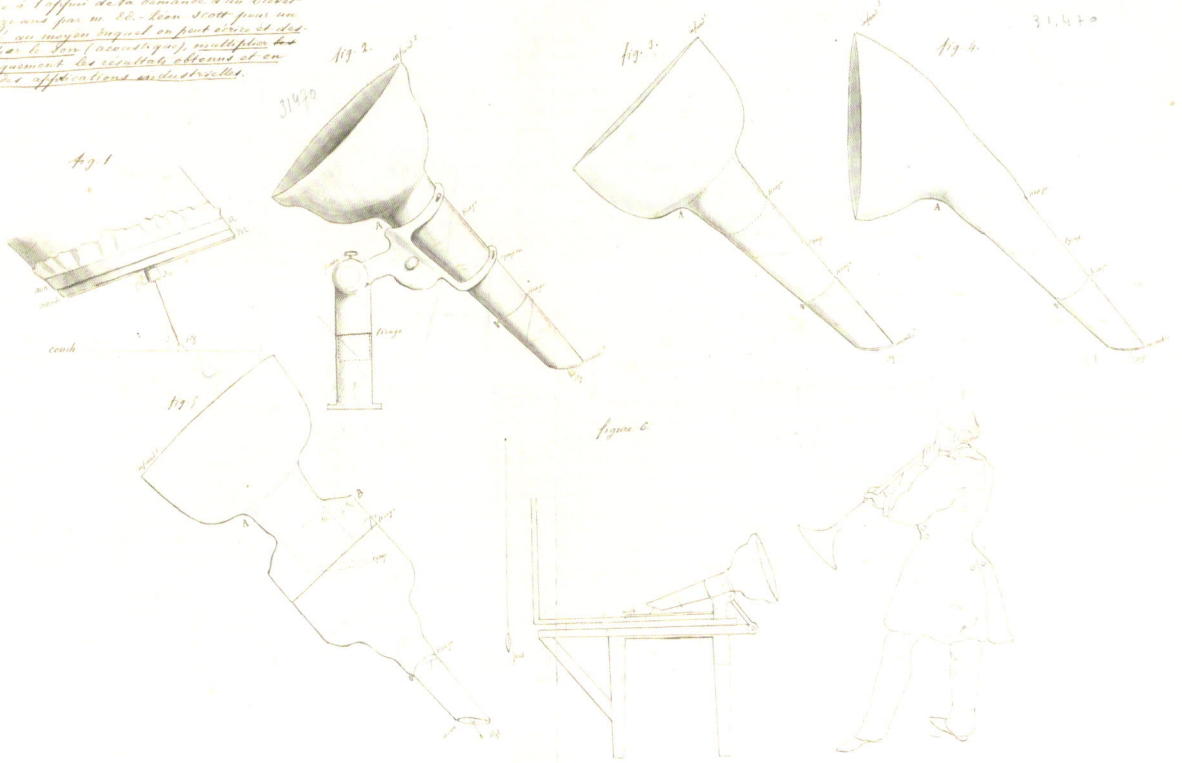

0.1

0.2

0.3

0.4

ai remi ce bandOn dan teur rrage cruell

no tiOn du déser sou teur antre brutan

de chirer quelque foi le voiiageur tremblan

il vodrai miell pour lui que teur fain dévorante

disspersa les lambOn de sa chair palllpilANNnte

que de tomber vivAN dan mes terrriblle main

0.5

○○　查尔斯·克罗斯

　　在斯科特·德·马丁维尔发明声波记振仪的20年后，又一位富有创造力的法国人出现了，他同样致力于音乐的录制与重放。作为画家爱德华·马奈、诗人西奥多·德·班维尔和保罗·魏尔伦的朋友，具有艺术和诗意气质的查尔斯·克罗斯（Charles Cros）似乎不太可能成为发明家。然而，这位业余科学家将旋转的碟片设想为声音重放的媒介，这值得称颂。

　　1877年4月18日，克罗斯撰写了一篇论文，描述了记录和重放声音的过程。这篇论文提交给了巴黎的法国科学院，它阐述了一个过程，通过获取振膜来回运动的轨迹，并利用这种轨迹来再现相同的振动，包括它们的持续时间和强度的内在关系，通过相同的膜，或通过其他同样适合发出由一系列运动产生声音的膜[13]。尽管这种描述与爱迪生同时代的思想基本一致，但克罗斯的应用在两个关键方面有所不同：他指定了一个圆盘，而非爱迪生的圆筒；在用灯熏黑的玻璃上记录声波的痕迹，然后将痕迹光刻成浮雕或凹痕，这与爱迪生的锡箔系统（稍后将讨论）形成了鲜明的对比。

　　克罗斯的论文于1877年4月30日寄给科学院，但直到1877年12月5日才被打开。虽然被耽搁的原因并不清楚，但据信他的目的是试图筹集资金以获得专利，尽管最终未能成功。对于一个实力未经证明的准科学家来说，这个结果似乎并不令人意外。有趣的是，1877年10月10日，科学杂志 *La Semaine du Clergé* 发表了阿贝·勒努瓦（Abbé Lenoir）的一篇文章，讨论了克罗斯提出的机制。正是在这篇文章中，勒努瓦把"声音"和"书写者"的两个希腊词根结合在一起，将克罗斯的设备命名为"留声机（phonograph）"[14]。受到这篇文章的鼓舞，克罗斯游说科学院公开他未解封的论文。尽管科学院最终在1877年12月将其公开，但事实证明，爱迪生在申请专利和实施他对留声机的构想方面略快。可以肯定的是，克罗斯是第一个构思留声机的人，但爱迪生却是第一个真正实现它的人，这使得历史学家们疲于争辩留声机发明者的荣誉究竟该归于谁。斯科特·德·马丁维尔和克罗斯的模拟技术设想最终将融入后来的法国唱机设计之中，例如皮埃尔·卢内（Pierre Lurné）和皮埃尔·里福（Pierre Riffaud）的设计，有效地体现了早期发明者未曾实现的潜力。

0.4　爱德华-莱昂·斯科特·德·马丁维尔对声波记振仪刻写内容的解释，1859年

0.5　根据爱德华-莱昂·斯科特·德·马丁维尔1860年的声波记振仪录音《在月光下》制作的单面45转/分钟（r/min）的唱片，DUST-TO-DIGITAL PARLOTONE LABEL，2010年

○○　托马斯·爱迪生

爱迪生曾为未来的发明家提出一个建议："在做实验时，如果遇到了任何你不完全理解的东西，不要停下来，直到你彻底弄清楚为止；它可能正是你一直在寻找的东西，也可能是更重要的发现。"[15]从这个意义上说，电报中继器，这个从爱迪生十几岁起就消耗着他发明热情的主要工作，并没有引导他去得到他想要的东西，即高速电话送话器，而是将他引向完全不同的方向：留声机。

自18岁起，爱迪生就致力于研究一种机器，它可以以某种速度记录信息，并以更快的速度重新传输它们。其目的是在纸上刻印莫尔斯电码信息，然后以任何必要的速度重复该信息，以创建一种高效快速的信息发送方法。然而，爱迪生在研究这台机器的过程中，他发现了一个将会改变他的发明历程的现象：当刻印的纸带穿过机器时，它会发出一种声音，他将其描述为"轻快的，有节奏的声音，类似于隐约听到的人类谈话。[16]"这一观察最终让他不再研究记录电报信息，转而记录电话信息。1877年，他深深地扎根于电话的开发。年仅30岁的他为亚历山大·格雷厄姆·贝尔（Alexander Graham Bell）的电话发明了一种炭粒送话器，让他拥有了探索自己想法的财务自由。

受到在电报中继器工作中听到的声音的启发，爱迪生开始研发一种可以录制话音的机器。录音随后将被发送到一个传输站，在那里，另一台机器将播放并通过电话线传输录音。在这台机器的研发过程中，爱迪生的听力已经恶化到无法判断电话听筒响度水平的程度。为了适应自身的听力障碍，他将一根针固定在接收器的振膜上，使他能够观察信号的幅度。针尖只要划过他的皮肤就会记录信号，这让爱迪生推断出针头可以划刻石蜡纸带并同时记录声音。

0.6　托马斯·爱迪生对着留声机讲话，1888年

0.6

爱迪生委托他的机械师约翰·克鲁西（John Kruesi）制造最初的原型，并绘制了一份有大概参数的草图。基本设备包括一个锡箔圆筒和一片振膜，振膜上贴有用于录音的针，以及一个用于回放的相同的振膜和针。爱迪生的方法被称为"山与谷"（hill-and-dale）工艺，即使用针或唱针在圆筒上切刻垂直声槽。通过转动圆筒上的手柄，针把从送话口接收到的声音的振动模式雕刻在金属上。在回放时，这个过程被逆转，声槽的循迹结果被传输到第二片振膜上，并通过送话口以声音的形式重现。"山与谷"工艺是早期圆筒录音的主导方式，例如爱迪生唱片录音公司以及法国的百代唱片录音，但最终将让位于由克罗斯构思的、后来由埃米尔·柏林纳（Emile Berliner）倡导的横向录音技术。

不过，爱迪生的留声机发出的声音质量很差，到了1878年10月，人们无奈地发现这台机器的实用性有限。音质如此之差，以至于爱迪生自己的产品广告不得不对其局限性进行了充分的免责声明："这项奇妙发明的商业实际应用所需的机械细节尚未全部完成，该公司现在仅向公众提供最适合展示新颖性的装置设计或形式。[17]"爱迪生——来自新泽西州的"门洛帕克巫师"（译注：爱迪生的外号。门洛帕克位于新泽西州爱迪生市，曾是爱迪生的住所和实验室所在地）——他的留声机仅仅被当成是一个新奇的玩意，他抛弃了这种锡箔设备，转向白炽灯泡的研究，一项更受欢迎且更容易获得资助的事业。与法国的斯科特·德·马丁维尔和克罗斯一样，爱迪生也将模拟创造力传给未来的当地唱机设计师。有意思的是，VPI Industries，目前全球唱机设计和制造领域的领导者之一，坐落在距离新泽西州爱迪生市只有15英里（约24.14千米）的地方。

0.7　托马斯·爱迪生的留声机草图，1877年11月29日

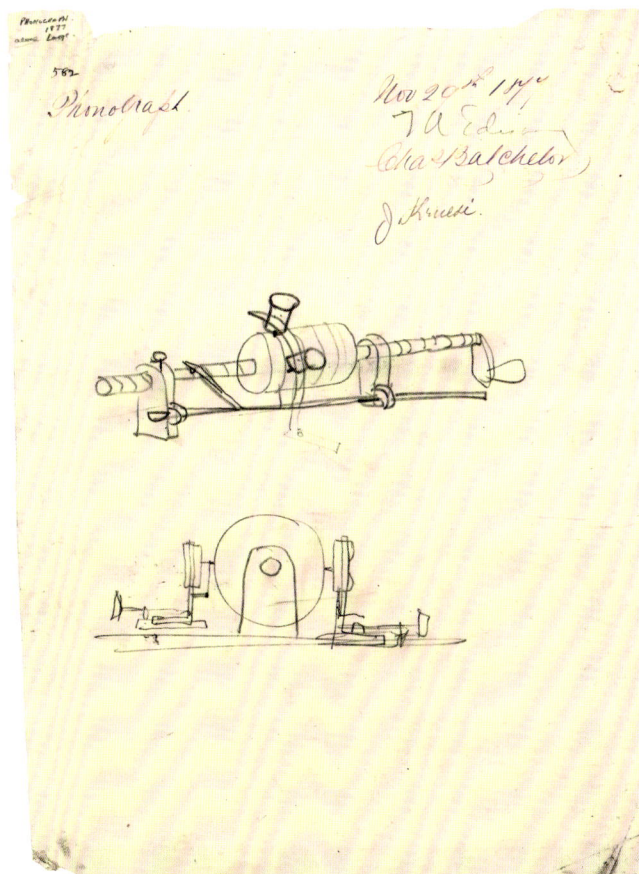

0.8 托马斯·爱迪生风格的锡箔留声机，艾德米·哈迪，1878年

0.9 爱迪生家用A型留声机，爱迪生留声机公司，1903年

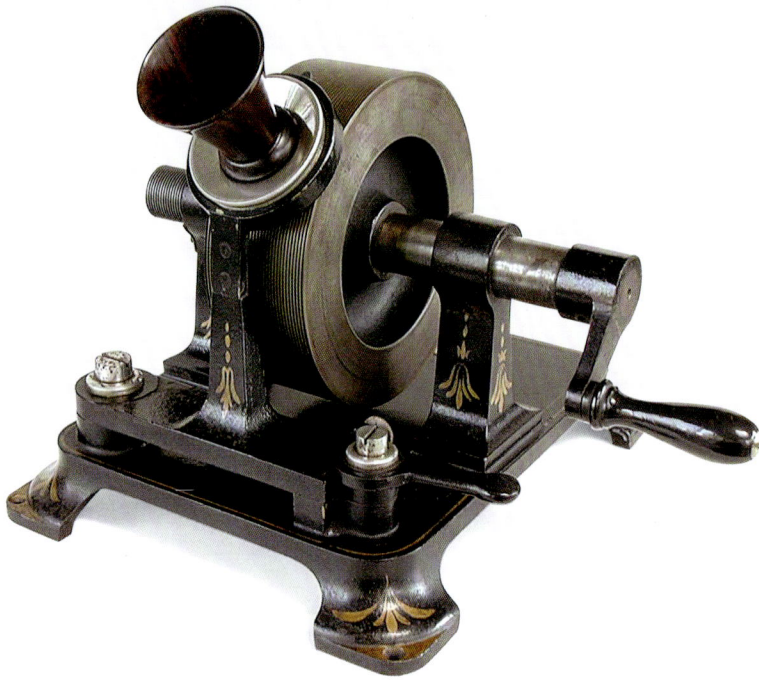

0.8

0.9

0.10　爱迪生M型留声机，北美留声机公司，1889年（此款，1893年）

0.11　锡箔留声机，尤金·杜克雷特，1881年

0.10
0.11

○○　投币机，以及哥伦比亚留声机公司的崛起

随着爱迪生退出留声机技术的开发，其他一些重要人物决定从爱迪生离开的地方继续进行拓展。1886年，亚历山大·格雷厄姆·贝尔（Alexander Graham Bell）与他的堂兄弟奇切斯特·A.贝尔（Chichester A. Bell）和查尔斯·萨姆纳·坦特（Charles Sumner Tainter）一起推出了基于蜡筒的"graphophone"（留声机），并于1887年成立了美国留声机公司[18]。虽然这唤醒了爱迪生改进其发明的行动，并导致爱迪生与贝尔之间的良性竞争，但是这两家发明家的公司最终都被资本家杰西·利平科特（Jesse Lippincott）收购，他通过北美留声机公司控制整个美国留声机行业。

在那个时期，驱动创新取得新成就的是一种按次付费投币机的发明，实际上这是一种早期的点唱机，它满足了公众对录音娱乐节目的渴望。约翰·菲利普·苏萨（John Philip Sousa）的早期进行曲以及斯蒂芬·福斯特（Stephen Foster）的歌曲帮助推动了这一需求[19]。与这一发展平行并与之共生的是唱片业的兴起。作为美国留声机公司的一个分支机构，哥伦比亚留声机公司（Columbia Phonograph Company）成为最主要的唱片和音乐发行企业，奠定了它在唱片艺术领域的市场基础和传统。到1893年，哥伦比亚公司已拥有一份长达32页的产品目录，其中包含大批的艺术家和曲目。[20]

○○　埃米尔·柏林纳

1870年，四处漂泊的年轻的埃米尔·柏林纳从德国来到纽约，从事过多种工作。像大多数新移民一样，生存是他的首要目标，他在华盛顿特区的一家干货店找到了工作，并在一个实验室当洗瓶工。关于柏林纳，最有意思的事是他如何度过夜晚：在纽约市库珀联盟的图书馆。他学习物理和化学，在自己的宿舍里搭建了一个简陋的实验室，并忙于与电话送话器有关的实验。成功地为新设计的电话送话器申请了专利之后，他对贝尔电话公司的价值变得显而易见，该公司不仅向他支付了一大笔钱，还聘请他继续进行研究。尽管如此，柏林纳对电话的热情是短暂的。

与爱迪生从电话转向留声机的轨迹一致，柏林纳同样放弃了电话，转而研究录音和回放的机器。然而，一个根本性的区别在于，柏林纳倡导横向移动的唱针，而不是爱迪生的垂直移动的、"山与谷"的方法。利用碟片代替爱迪生的圆筒，柏林纳可以有效地挖掘并实现斯科特·德·马丁维尔和克罗斯先前的构思。1887年9月26日，柏林纳申请了专利，将他的新设备命名为"gramophone"（唱片留声机）。他通过专利继续改进这种留声机，直至20世纪初。

在开发机器的同时，柏林纳同样重视唱片质量和保真度的提高，并改进压制工艺，为唱片业奠定了唱片复制工作的基础。他声称，他的动机是从原始录音中制作尽可能多的副本。他据此推断，"杰出的歌手、演说家或表演者可以从出售他们的录音制品的版税中获得收入。[21]"他对这种具有大众吸引力的娱乐媒介的热忱洞察，成为唱片留声机的市场生命力和最终战胜圆筒留声机的主要催化剂。

0.12　比利·穆雷的《带我回到纽约城》圆筒唱片，哥伦比亚留声机公司，1907年

0.13　埃米尔·柏林纳的"GRAMOPHONE留声机"专利，由美国专利局公开，1895年2月19日

0.14　柏林纳留声机，埃米尔·柏林纳，KÄMMER, REINHARDT & CO.，1890－1893年

0.15　柏林纳留声机，柏林纳留声机公司，1893－1896年

0.12

0.13

0.14

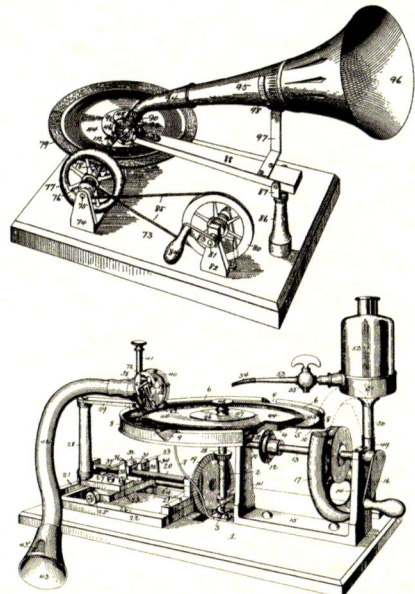

0.15

○○　**Victor Talking Machine Company（维克多留声机公司）**

若要评价Victor（维克多，胜利）的出现，人们可能需要一些耐心来梳理它创建之前的法律混乱和复杂的业务运作。但最终，Victor及其音乐唱片的红印标签（Red Seal）在录音和播放历史上留下了持续而长久的印记。

作为一个曾经受雇于柏林纳的机械师，埃尔德里奇·约翰逊（Eldridge Johnson）无疑是尊重柏林纳的专利的。然而到了1901年，情况变得复杂了许多。约翰逊为柏林纳的发明做出了巨大贡献，还设计了驱动装置和音盒（Sound Box）。最令人印象深刻的是，他还改进、完善了唱片的录制过程。此外，约翰逊在工厂和销售的组织管理成就可以与柏林纳的独占性和收益权相提并论。经过广泛的磋商，柏林纳和约翰逊决定成立一家新公司，即维克多留声机公司（The Victor Talking Machine Company），由约翰逊管理，柏林纳获得40%的普通股，约翰逊获得60%的普通股。

到了1902年，随着约翰逊对留声机和唱片质量的多项改进，一项新亮点脱颖而出——唱臂的发明。约翰逊改进了唱臂，以便将金属号角连接到音盒上，同时不必承受它的重量。这大大减少了唱片的磨损，同时大大提高了声音保真度。维克多公司宣称其带有唱臂的新设备是"世界上最伟大的乐器"[22]。

维克多公司的著名商标是一只名叫尼珀（Nipper）的㹴犬，它入迷地听着留声机——这是画家弗朗西斯·巴罗（Francis Barraud）基于其原画修改而成的图像，原画描绘的是唱筒留声机。后来也成为维克多的英联邦子公司"主人的声音"（His Master's Voice, HMV）的标志[23]。

在维克多公司的唱片方面，诞生了世界上第一个古典音乐厂牌：红印签（Red Seal）。维克多公司在俄罗斯圣彼得堡的代理人率先提出了提升顶级艺术家唱片销售份额的想法，设计了一个红色标签来装饰高价唱片。这个红色标签甚至成为当时著名艺术家的代名词，例如恩里科·卡鲁索（Enrico Caruso）等歌剧歌唱家和古典乐器演奏家[24]。

0.16　VICTOR 6 留声机，维克多，20世纪初

0.17　便携式留声机，维克多，约1915年

0.18　便携式留声机（带GEISHA播音头，C. H. GILBERT & CO.），约1920年

0.16

0.17

0.18

0.21

0.22

0.23

0.24

0.25

0.26

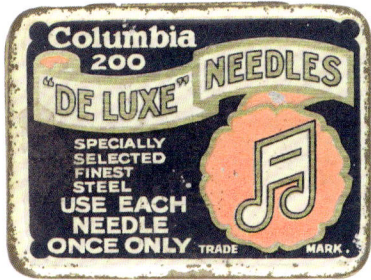

0.27

0.28

0.29

0.30

Caruso as Rhadames in Aïda

Victor Record of "Celeste Aïda" sung by Caruso

Both are Caruso

The Victor Record of Caruso's voice is just as truly Caruso as Caruso himself.

It actually *is* Caruso—his own magnificent voice, with all the wonderful power and beauty of tone that make him the greatest of all tenors.

Every one of the hundred and six Caruso records brings you not only his art, but his personality. When you hear Caruso on the Victrola in your own home, you hear him just as truly as if you were listening to him in the Metropolitan Opera House.

The proof is in the hearing. Any Victor dealer in any city in the world will gladly play for you Victor Records by Caruso or any other of the world's greatest artists.

There are Victors and Victrolas in great variety of styles from $10 to $500.

Victor Talking Machine Co.
Camden, N. J., U. S. A.
Berliner Gramophone Co., Montreal, Canadian Distributors

Always use Victor Machines with Victor Records and Victor Needles—*the combination.* There is no other way to get the unequaled Victor tone.

Victor Steel Needles, 5 cents per 100. Victor Fibre Needles, 50 cents per 100 (can be repointed and used eight times).

New Victor Records demonstrated at all dealers on the 28th of each month

Victor "HIS MASTER'S VOICE" REG. U.S. PAT. OFF.

Photo Bert, Paris

0.31 “VICTOR红印签”，维克多留声机公司的广告，20世纪初

0.31

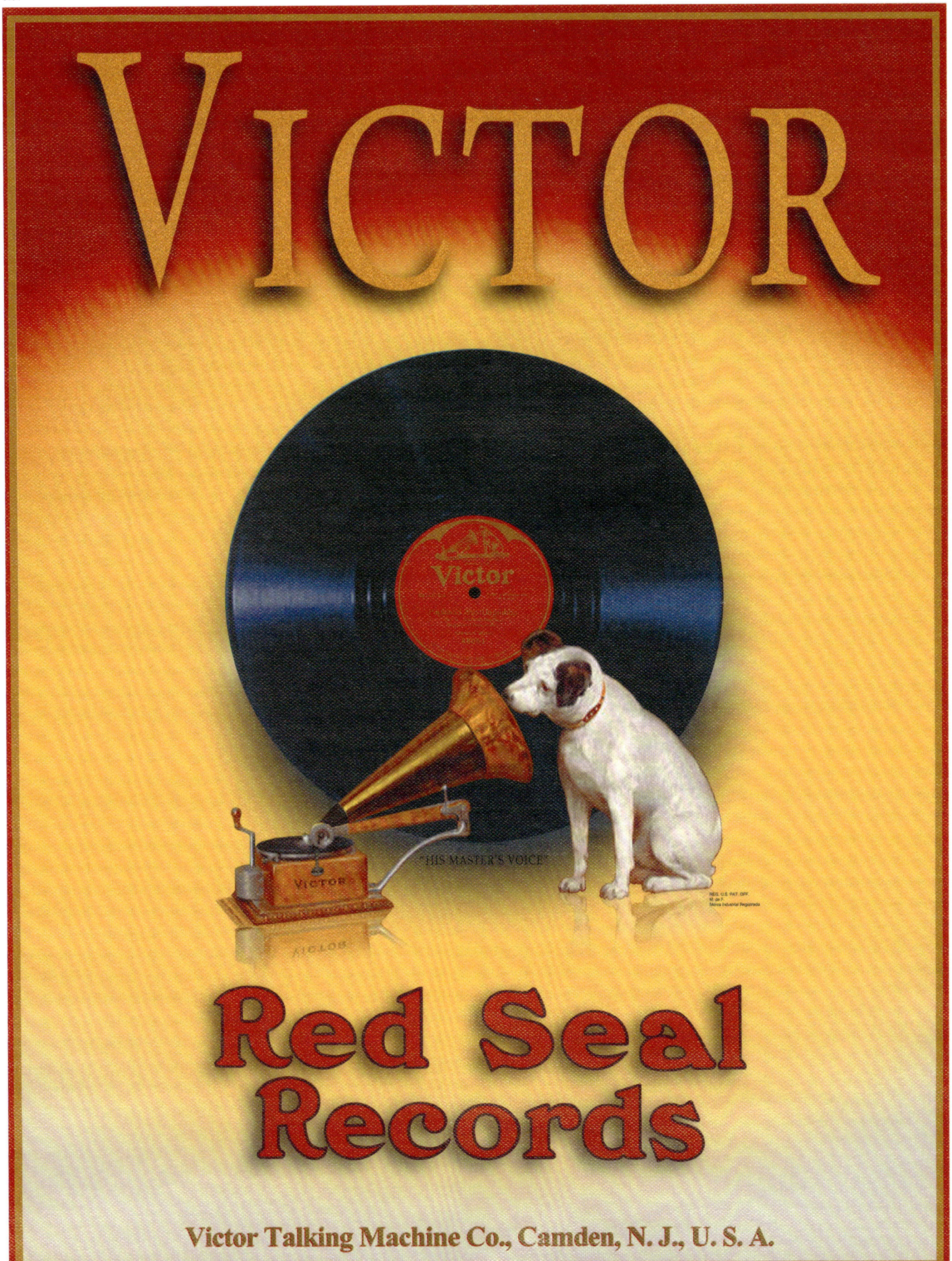
VICTOR
Victor
"HIS MASTER'S VOICE"
VICTOR
Red Seal
Records
Victor Talking Machine Co., Camden, N. J., U. S. A.

○○　　**欧洲的模拟文化：Pathé（百代），DG和Odeon（高亭）**

唱筒留声机和唱片留声机的出现不能仅用技术事实来解释，必须同样关注促成欧洲模拟时代精神的艺术及社会因素。

美好年代（译注：指欧洲社会史上的一段时期，从19世纪末至第一次世界大战爆发）的法国已经准备好拥抱留声机，尽管有些出乎意料。热闹的巴黎小酒馆Bar Américain（美式酒吧）是高卢模拟之源看似不太可能的诞生地。这家餐厅充满活力和愉悦的精神点燃了老板查尔斯·百代（Charles Pathé）和埃米尔·百代（Emile Pathé）的想象力，尤其是查尔斯在当地集市上目睹了爱迪生留声机之后。百代兄弟很清楚有大量的围观者前去观看这台机器，于是他们设想着在他们的小酒馆里也安装一台爱迪生留声机，以类似的方式吸引人群[25]。沿着这个想法推进，他们投资了一台留声机，并将它安装在他们位于枫丹街的店铺中；没过多久，好奇的人群蜂拥而至。不可避免地，顾客们打听怎样购买这种机器，于是兄弟俩在夏图郊区建立了一家工厂。Pathé Brothers Company（百代兄弟公司）由此诞生，对留声机和唱片的需求推动了它的崛起。他们的第一台留声机被称为"Le Coq（大公鸡）"，这只骄傲的鸟很快成为百代（Pathé）的商标。在录音方面，百代在其1899年的产品名录中收录了1500个唱筒曲目。此外，两兄弟的魅力还可以从潜在买家实际聆听这些作品的方式中体现：在位于意大利人大道上的设计华丽的留声机沙龙中，音乐爱好者可以在豪华的环境中体验任何一个唱筒。通过这种方式，巴黎成为留声机和唱片艺术的文化圣地。难怪哥伦比亚留声机公司选择巴黎作为它的第一个海外办事处，百代兄弟无疑值得这一荣誉[26]。

虽然埃米尔·柏林纳移民到了美国，但他经常回到德国，扩大他的留声机和唱片在德国的发行。1898年，他创立了德意志留声机公司（Deutsche Grammophon Gesellschaft, DG），这是一家专注于古典作品的唱片公司[27]，一直延续到今天，在古典音乐界取得了无可争议的传奇地位。

0.32	"留声机展"，百代留声机沙龙的广告，1899年
0.33	"À LA CONQUÊTE DU MONDE（征服世界）"，以百代兄弟为主角的广告，阿德里安·巴雷尔，1970年

0.32

0.33

0.34 蒂塔·鲁弗的"塞维利亚理发师"唱片标签, 百代, 约1906年

0.35 录音留声机, 百代, 1911—约1928年

0.36 COQUET留声机, 百代, 约1903年

0.34

0.35

0.36

此外，德国还出现了另一家唱片公司。与专注于古典曲目的德意志留声机公司不同，Odeon（高亭）发展并培育了一种全球性策略，堪称第一个"世界音乐"厂牌。凭借广阔的视野，它向全世界好奇的音乐爱好者展示了风格独特的和尚未成名的艺术家[28]。该公司由马克斯·施特劳斯（Max Strauss）和海因里希·尊茨（Heinrich Zuntz）创立于1903年，借用了巴黎Odeon剧院的名称和标志[29]。高亭向亚洲、南美洲、中东等地区派遣代理，建立远程录音设施，采集当地艺术家的音乐。除了音乐上的吸引力外，高亭的唱片还以其东方主义和魏玛共和国的美学风格而著称。在技术方面，高亭因率先录制大型管弦乐作品和制作双面唱片而受到赞誉（当时，其他公司仅制作单面唱片）[30]。尽管这些都是重大成就，但高亭的独特之处更在于它对模拟文化的民族音乐贡献。

0.37	"FONOTIPIA ODEON: 双面"，双面唱片广告，高亭，1904–1910年
0.38	埃米尔·柏林纳与他的兄弟约瑟夫以及汉诺威德意志留声机公司工厂的工人们，德国，1898年
0.39	在印度发行的目录，包含高亭唱片、歌词和音乐家，高亭，1935年

0.37

0.38

0.39

0.40

0.41

日本与Chikuonki

日语"Chikuonki"的意思是"声音存储机"。在世纪之交的日本，它并非人们所期望的那种将受到热烈欢迎的设备类型。日本是一个传统深厚的社会，但日益增长的对西方的强烈兴趣催生了一种向外部世界开放的氛围。

弗雷德·盖斯伯格（Fred Gaisberg）将赌注押在了这一缕新曙光上。他是美国录音工程师，于1903年被留声机公司派往日本，目的是向日本人推销辉煌的留声机[31]。在东京的一家酒店房间里，盖斯伯格录制了皇室管弦乐团音乐家的表演，然后向在场的人播放录音。在首次展示留声机后的一个月之内，他录制了270首日本作品，这可以说明盖斯伯格那段时间所取得的成功[32]。这些录音作品在德国制作完成，随后分发给热切期待的日本公众。

分别在5年以及7年后的1908年和1910年，日本建立了第一家压片厂和唱片公司Nipponophone（日本蓄音器商会）。日本在声音重放方面的早期经验将在其未来的唱机设计中结出硕果。在1933年出版的《阴翳礼赞》一书中，谷崎润一郎（译注：日本著名小说家，曾多次获诺贝尔文学奖提名）谈到用西方录音设备捕捉日本音乐空灵超凡的艺术时所遇到的困难："如果留声机是我们发明的，它们会更忠实地再现我们的声音和音乐的特征"[33]。到了20世纪60年代，随着日本公司成为唱机、唱臂和唱头的领先制造商之一，谷崎润一郎的愿望终于得以实现。

声学时代的尽头

到20世纪20年代，最纯粹的模拟重放表达方式走到尽头。世界再也不会看到对正弦波如此煞费苦心的忠实的机械保存方式。电子技术的进步催生了话筒、电子管，以及最引人注目的无线电广播。唱机和回放设备在公众偏好中退居收音机之后，还需要再过一段时间才能实现它们万花筒般多姿多彩的先驱们的志向。

0.42 - 0.43　35 型留声机，NIPPONOPHONE，约1910年

0.42
0.43

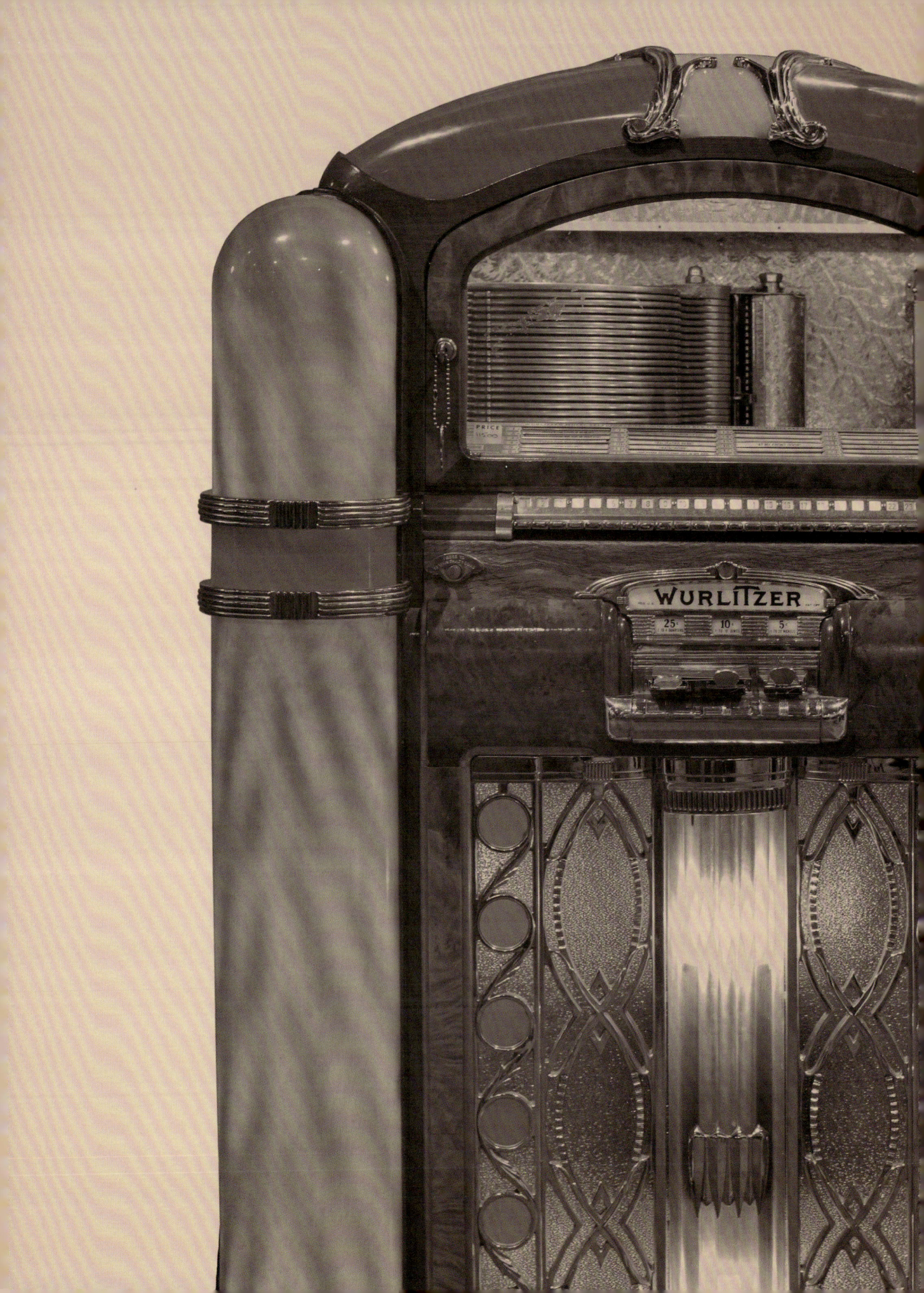

1920–1949: 早期电子时代

○○　族裔厂牌、爵士乐和Victor不情愿的让步

到20世纪20年代初，一系列事件以意想不到却又似乎不可避免的方式改变了留声机的命运，技术进步的力量翻开了机械留声机和声学录音唱片的新篇章。

可以说，留声机行业已进入某种静止或休眠状态。从世纪之交及留声机的出现到20世纪20年代，几乎没有什么实质性的变化发生。维克多公司1921年的Victrola（维克多唱机）型号与1905年的原始版本相比几乎没有变化，且该公司仍然在使用"主人的声音"商标和不变的红印签艺术家目录。多年来，维克多一直沿用Victrola的矮胖铰链设计，但公众呼吁推出一款平顶型号，类似于维克多的竞争对手Brunswick（布伦瑞克）和Sonora（索诺拉）制造的机型。维克多勉强接受了市场对新设计的需求，终于修改了它的Victrola，却拒绝完全妥协，最终只是在单元中心上面保留一个凸起的盖子来作为设计变化，绰号"座头鲸"，这个广受嘲笑的变体销售惨淡[34]。尽管如此，1921年维克多的唱机销售额仍超过5000万美元，唱片销售额达到了可观的1.4亿美元，是1914年唱片销售额的4倍[35]。

推动需求持续发展的是美国人对爵士乐的新迷恋。爵士乐从小型乐队的即兴演奏演变而来，是一种成熟的音乐运动，已经获得了商业认可和广泛的文化认知。早期的批评家将爵士乐妖魔化为不道德和下流的，但他们无法阻止它的崛起和广泛接受[36]。

维克多很快签下了音乐家弗雷德·沃林（Fred Waring）和保罗·惠特曼（Paul Whitman）。哥伦比亚（Columbia）则将弗莱彻·亨德森（Fletcher Henderson）和泰德·刘易斯（Ted Lewis）纳入其艺术家名单。Gennett、Paramount和Sunshine等较小的唱片公司——被称为"族裔唱片公司"——从新奥尔良发掘杰出的非洲裔美国音乐家，即路易斯·阿姆斯特朗（Louis Armstrong）、金·奥利弗（King Oliver）、基德·奥里（Kid Ory）和杰里·罗尔·莫顿（Jelly Roll Morton）[37]。捕捉到哈莱姆（Harlem）的歌舞厅和音乐复兴的是哈里·佩斯（Harry Pace）和他的黑天鹅唱片公司（Black Swan Records），这是美国第一家由非裔美国人拥有的唱片公司。佩斯迅速签下了被称为Sweet Mama Stringbean（甜妈妈四季豆）的埃塞尔·沃特斯（Ethel Waters），发行了她的新歌Down Home Blues，立即广受好评，发行后不久就售出10万张唱片[38]。就这样，爵士乐为留声机和唱片业注入了新的活力与乐观情绪。

这些的确是受欢迎的。然而，第一次世界大战爆发后，维克多位于新泽西州卡姆登的工厂被改建为军工厂，实际上使得声学时代的工业设备停止了运转。尽管战后出现了短暂的销量高涨，但很明显，维克多的自满和教条式坚持其立场是阻碍留声机增长的一个因素。维克多还故意忽视了无线电的即将发展，未能把握无线电将来的前景和市场潜力。

0.44　亨德森舞蹈乐团*Shake It and Break It*唱片标签，黑天鹅唱片，1922年

0.45　维克多留声机公司的商标，约1922年

0.44

0.45

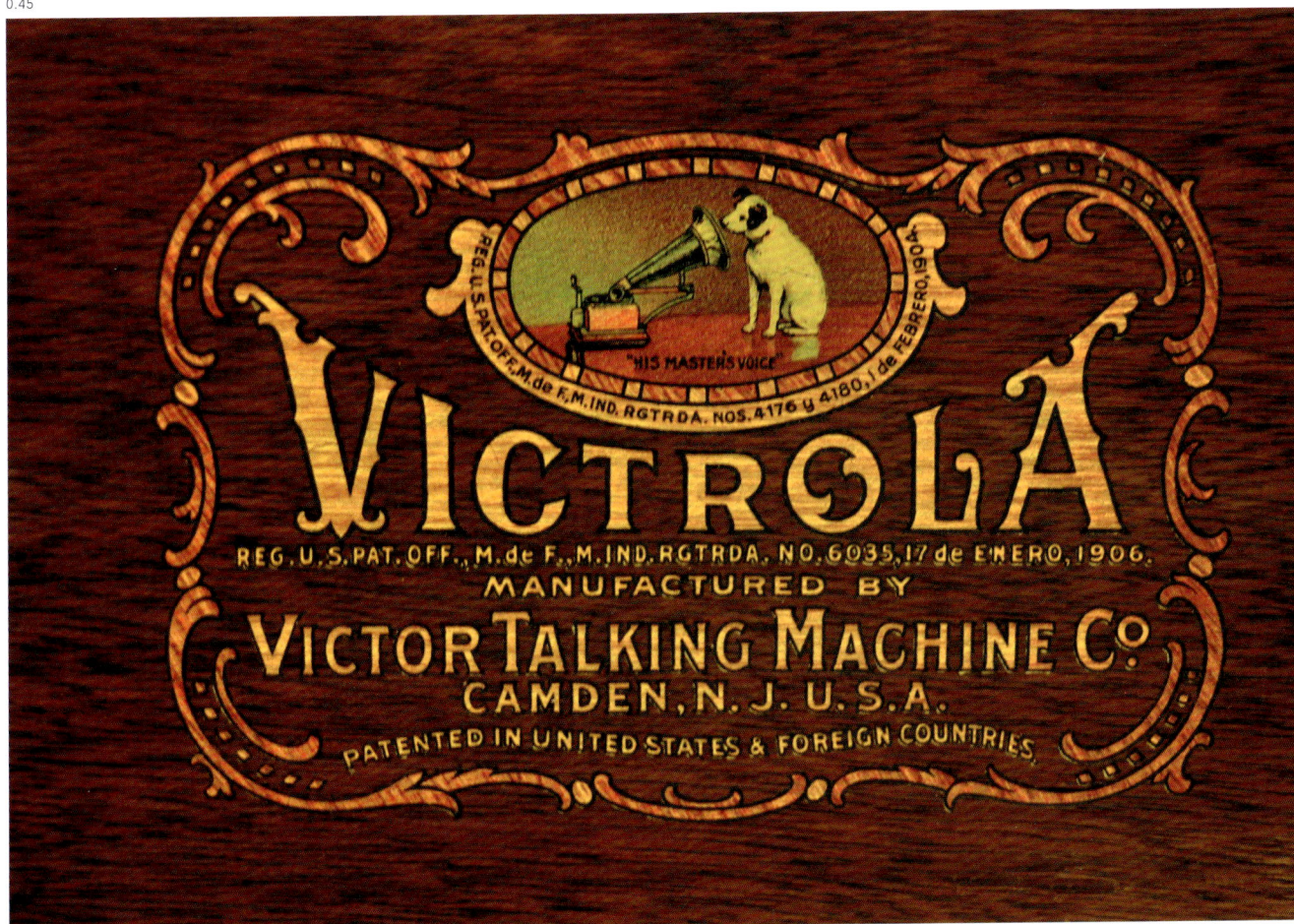

1922年，各个制造商开始制造结合了留声机和收音机的柜式组合音响。Sonora（索诺拉）和Brunswick（布伦瑞克）都率先采用这种方式；布伦瑞克巧妙地与美国无线电公司（RCA）合作，将RCA广受欢迎的Radiolas集成到布伦瑞克公司的留声机柜内。

维克多没有退却，但是采取了一种近乎可笑的做法：由于埃尔德里奇·约翰逊对收音机的抵触情绪，他给Victrola设计了一个空位，供客户自行安装任何种类的收音机。然而，历史有一种讽刺性的教训方式：RCA最终于1929年收购了维克多，并将新公司命名为RCA Victor[39]。

| 0.46 | "SONORA：LE MEILLEUR PHONOGRAPHE DU MONDE（SONORA：世界上最好的留声机）"，SONORA的广告，1927年 |
| 0.47 - 0.48 | VV-300 留声机，维克多留声机公司，1921年（此款，约1922年） |

0.46

0.47

0.48

○○　从声学到电子录音

直到20世纪20年代，声学留声机的设计与制造还是一门充满不确定性的艺术。这个过程充满了不断试错和边做边学的态度。就连维克多的首席工程师S.T.威廉姆斯也曾坦言："仍然缺乏一个完整的理论，将一系列不连贯的事实联系起来。沿着经验路线的发展已经达到了极限，而声音重放艺术的发展实际上已经陷入停滞"[40]。

美国的贝尔实验室、西电公司和HMV，以及哥伦比亚的英国分公司都转向一种更科学的方法：应用物理和数学来处理录音过程。电话传输和话筒技术的联合发展提供了开发框架所需的工具，使声波可以转换为电信号，然后放大以驱动录音刻针。

电子录音、话筒和早期录音设备所依赖的关键元件是由英国物理学家约翰·安布罗斯·弗莱明（John Ambrose Fleming）发明的电子管。基于弗雷德里克·格思里（Frederick Guthrie）在热电子发射领域的前期研究，弗莱明发明了一个密封的玻璃灯泡，内部装有两个电极，一个阴极和一个阳极。热电子发射是指电子从加热元件（如阴极）释放出来的过程。由于玻璃灯泡是真空的，没有空气，从阴极到阳极会产生电流。弗莱明把他的发明称为"振荡阀"[41]。

美国工程师李·德·福雷斯特（Lee De Forest）进一步发展了这一原理，发明了一种三极管，即三元素电子管，称为Audion[42]。这种设计具有广泛的应用前景。值得注意的是，它是第一个能够真正放大信号的装置，因此对于所有电子录音设备都是必不可少的，直到20世纪60年代逐渐被晶体管取代[43]。

0.49　弗莱明振荡阀，约1903年

0.50　约翰·安布罗斯·弗莱明和他的振荡阀，1923年

0.49

0.50

○○ **话筒**

声学录音的过程已经达到了越来越不切实际的地步，而发明一种能够彻底改变录音、无线电传输和唱片音质的设备的时机已然成熟。托马斯·爱迪生是第一个获得话筒专利的人，但历史学家普遍认为英国人大卫·爱德华·休斯（David Edward Hughes）是碳粒话筒的发明者。埃米尔·柏林纳对其发展也有影响[44]。随后，西电公司于1916年开发了第一支电容式话筒，而英国广播公司在艾伦·布卢姆林（Alan Blumlein）和赫伯特·霍尔曼（Herbert Holman）的帮助下完成了马可尼–赛克斯磁话筒（译注：Marconi–Sykes magnetophone，最早期的动圈话筒），其中最著名的型号是HB1A和HB1E话筒[45]。

0.51   山酋长，蒙大拿州黑脚部落的酋长，与民族学家弗朗西斯·登斯莫尔一起聆听录音，1916年

0.51

技术进步是一回事，但这些进步是否有助于让早期留声机和唱片的声音变得更好完全是另一回事。人们花了一些工夫才被说服，因为他们已经习惯了机械留声机和声学录制的唱片。然而，到1926年，音乐界的专业人士纷纷加入。在听完新录制的唱片后，伦敦《星期日泰晤士报》受人尊敬的音乐评论家欧内斯特·纽曼（Ernest Newman）这样说：

直到最近，要认真对待一张好的管弦乐唱片都有点困难……他们在很多方面明显偏离了原作，因此很难给了解原作的音乐家带来完全的乐趣；但是对于那些参加音乐会的机会有限、无法从乐谱中获得太多乐趣或益处的学生和音乐爱好者来说，它们仍然是有用的。然而，突然间，留声机录音似乎向前迈出了一大步……那些亲自听过这些唱片的人可能会感觉到——就像我第一次听到它们时那样——终于有可能让音乐家坐在家里，感受他们在音乐厅里能感受到的真实的激动。这些唱片也有其不足之处，但与它们的诸多优点相比，缺点显得微不足道。管弦乐队终于听起来真的像管弦乐队了。我们从这些唱片中获得了以前难以体验的东西——在音乐厅或歌剧院里的激情音乐带来的身心愉悦。我们不仅听到旋律在某种音调抽象的边缘如此这般或那般地走着，它们带着真实的美感来到我们身边[46]。

0.52

0.53

这段话表达了他对电子录音唱片热情洋溢的评论性肯定。20世纪20年代的模拟文化已准备好拥抱下一代录音艺术。

正在追赶电子唱片的是与之相对应的留声机。最初，贝尔实验室对机械留声机进行了改造，采用了新设计的指数式号角，从而显著提升了保真度。频率范围得到扩展，低音和高音的性能大幅度提升。尽管指数式号角带来了改进，但采用唱针、电子管和扬声器的电子重放技术最终被证明远远优于其机械式前身。西电的工程师向维克多展示了电子设计的概念，Victor对此印象深刻，并将其命名为Orthophonic（译注：此词可直译为"正的声音"，Victor用这个词命名它的新款Victrola留声机，意思是它重放的声音可以保持原本的音质）。这款Victrola的首次演示备受重视，甚至登上了《纽约时报》的头版，获得了广泛赞誉[47]。Victor还迅速扩展了其Orthophonic产品阵容，发布了世界上第一部全自动换片留声机。

0.52 休斯话筒探测器，大卫·爱德华·休斯，1865 – 1875年

0.53 HB1E 话筒，艾伦·布鲁姆林，EMI，1931年

0.54 ORTHOPHONIC VICTROLA 唱机柜，维克多留声机公司，1925年

0.54

○○　大萧条以及装饰艺术风格

　　然而，20世纪20年代中后期的电子技术进步未能支撑留声机在大萧条时期的销售。到20世纪30年代初，美国的唱片业濒临崩溃。模拟文化被视为一种奢侈品，还需要几年时间以及富兰克林·德拉诺·罗斯福总统新政的支持才能实现复兴。为了顺应节俭时代，RCA Victor推出了经济实惠的Duo Jr.，一款作为收音机附件的电动唱片播放机，旨在刺激唱片销售并重新激发消费者的兴趣。

　　杰克·卡普（Jack Kapp）对大萧条的市场基调也很敏锐，他将英国公司Decca Records扩展到美国，并专注平价唱片[48]。Bluebird、Melotone、Perfect、Vocalion和Okeh等唱片公司也推出了更廉价的唱片。然而，随着与爱迪生以及留声机一起长大的粉丝群的老龄化，唱片业需要更年轻的受众来维持发展。到20世纪30年代中期，青少年逐渐远离莫扎特，而转向本尼·古德曼（Benny Goodman）和杜克·艾灵顿公爵（Duke Ellington）等摇摆时代的明星[49]。这些新星被哥伦比亚唱片公司精明的爱德华·沃勒斯坦（Edward Wallerstein）发掘并签约，为该公司产品名录的振兴和多样化助力。

　　到了1941年，伴随着全行业打折、点唱机的出现以及竞争激烈的市场，留声机的前景正在变好。在设计方面，装饰艺术风格（Art Deco）的美学融入留声机设计，具有非凡的美感、材料和工艺。例如，著名的工业设计师约翰·瓦索斯（John Vassos）为当时的留声机设计贡献了他的明星力量和声誉。就唱片业而言，当年的销量超出了预期，没有理由怀疑它会持续攀升。

0.55	唱片店，巴黎，约20世纪30年代
0.56	LA PLAQUE唱机商店，巴黎，特蕾莎·邦尼，约1929年
0.57	EEXCELDA 便携式留声机，THORENS，约1935年
0.58	EEXCELDA 便携式留声机，THORENS，1931年（此款，1932年）

0.55

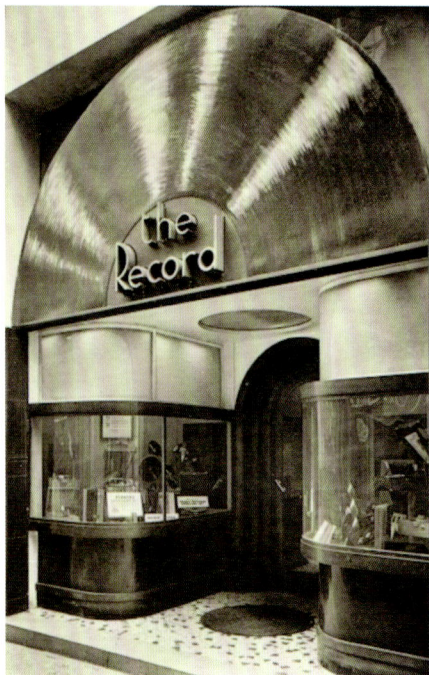

0.56

0.57

0.58

0.59

0.60

0.61

0.62   HM-3 唱片播放机，约翰·瓦索斯，通用电气，约1939年

0.63   哑光暗红色铸塑酚醛塑料便携式唱片播放机，约1945年

0.64 - 0.65   RCA VICTOR 特别M型留声机，约翰·瓦索斯，RCA制造公司，约1935年

0.62

0.63

0.64

0.65

0.66

0.67

0.68

0.69

0.70

0.71

0.72

0.73

0.74

0.75

0.76

0.77

○○　　第二次世界大战与唱片生产

　　然而，一场战争来了。美国加入第二次世界大战后，战争生产委员会削减了虫胶的进口[50]，而虫胶是唱片的主要原料。此外，美国所有的无线电和留声机制造商都被迫将其工厂转为军备和战争物资生产。模拟文化不得不等到1948年6月18日，届时在纽约市华尔道夫酒店举行的一场重大展示活动将真正地复苏唱片行业，迎来唱机创新和活力的黄金时代。

0.78　　"现在来些音乐" 国家留声机唱片招募团广告，C. B. 福沃斯，1917年

0.78

20世纪50年代

○○ 体现世纪中叶理念的唱机设计

第二次世界大战后出现了一种功能性和实用主义的理念，这种理念将在20世纪50年代的唱机设计中得到体现：装饰华丽的装饰艺术风格的华美组合机柜，很快就被简单整洁的机器所取代。推动这一变化的是工业设计师的集体努力，他们致力于采用成熟的大规模生产工艺来制造线条简单、形式简洁的设备。与这种不做作的风格一致，20世纪50年代的设计偏爱金属框架，迎合了专业广播行业的喜好。A. R. Sugden（萨格登）、EMT、Lenco（伦科）和Garrard（杰拉德）等公司的产品印证了对朴素简约的渴望。这一趋势的一个著名例子是Gates Radio Company（盖茨无线电公司），该公司在1922年成立于伊利诺伊州，很早就成为广播设备的主要制造商。20世纪50年代，它推出了新的广播级唱机，采用新颖的驱动系统来减少噪声，同时降低了电动机速度。盖茨唱机因其高品质而备受赞誉，成为20世纪50年代许多广播电台和电视台的必备品。与这一运动相呼应，世纪中叶的热情也带来了战后轻松愉悦的元素，推出的许多便携式唱片播放机（译注：Records Player，又称电唱机，指集成了唱机、放大器和扬声器的唱片播放设备）采用电木和彩色手提箱设计，著名的品牌包括Collaro（科拉罗）、Dansette（丹赛特）和飞利浦公司。

20世纪50年代，大多数唱机设计采用惰轮驱动（idler-drive）和轮缘驱动（rim-drive）系统。惰轮驱动装置使用介轮来驱动唱盘，而轮缘驱动装置则不使用介轮，而采用与驱动唱盘的电动机耦合的轮子。随着以每分钟33$\frac{1}{3}$转旋转的微槽长时播放（LP）唱片的推出，大多数唱机现在都具有多种速度灵活性，以适应较旧的78转/分钟唱片以及速度较慢的新格式。此外，还引入了适配器和唱片转换器，以支持新的45转/分钟唱片。

与用于78转/分钟唱片的较粗的唱针不同，新的33$\frac{1}{3}$转/分钟以及45转/分钟的唱片需要尖端更精细的唱针。为了满足这种对精度的需求，唱针尖端采用了蓝宝石或钻石材料。一个值得注意的钻石尖唱头是由London（它的前身是Decca）制造的，它采用独特的L形唱针杆，由非磁性钢制成。20世纪50年代之前的唱针采用压电陶瓷材料。虽然压电陶瓷材料在20世纪50年代仍继续使用，但趋势是转向更小、更轻、更兼容的磁性唱头。这些新式唱头减少了唱片磨损，创造了更好的声音，受到发烧友的青睐，并最终成为后代唱头设计的标杆。

20世纪50年代的唱臂设计同样不可避免地发生了重大变化。用于播放78转/分钟唱片的旧唱臂非常重，因为电子唱头需要较大的质量才能在虫胶唱片上循迹。随着Fairchild（仙童）、General Electric（通用电气）、Ortofon（高度风）、Pickering（皮克林）和Shure（舒尔）等公司推出新型的动圈唱头，唱臂在结构上所需的质量更小。因此，Ortofon和SME等品牌开始生产质量更轻的唱臂，这是另一种延续到现代唱臂中的设计趋势。在20世纪50年代的唱臂设计中比较新奇的一种是线性循迹臂。这个想法是创造一个正切唱臂，可以用与横向刻片时相同的线性方式循迹唱片的声槽。20世纪50年代初，一家名为Ortho-Sonic的公司创造了一种正切臂，唱头通过滚珠轴承在唱片上滑动，从而减少摩擦，同时保持循迹声槽所需的惯性。这种方法的优点到20世纪50年代末也未减弱，并在以后出现的正切臂中得到了支持，特别是由Bang & Olufsen（B&O）、Clearaudio（清澈）、Goldmund（高文）、Pierre Lurné（皮埃尔·卢内）、Rabco（拉布科）、Revox（瑞华士）和Souther（索瑟）等公司开发的产品。

○○ 微槽LP诞生

早在1931年，RCA Victor就尝试推出一种长时间播放（Long Playing, LP）的$33^1/_3$转/分钟的唱片，以及配套昂贵的新播放器来播放这些LP，但市场并不买账。毕竟，这些唱片是从最初的4分钟虫胶唱片转制而来，保真度一直很差。大萧条时期并非发行需要昂贵机器来播放的新唱片的合适时机，这决定了RCA Victor LP事业的命运。

当时的传统观点是，只有两种方式才能使唱片播放时间更长：减慢转速或减小声槽之间的间隙，从而最大限度地增加声槽的数量。通过不稳定的密集声槽实现较慢的速度带来了令人畏惧的技术障碍，困扰了工程师们30年。

为了克服这些障碍，Columbia（哥伦比亚）于1944年成立了一个临时实验室，由天才的匈牙利移民彼得·戈德马克（Peter Goldmark）领导。戈德马克后来在彩色电视技术方面的工作巩固了他在科学界的地位：吉米·卡特总统授予他国家科学奖章，以表彰他"对教育、娱乐、文化和人类服务传播科学发展的贡献"[51]。戈德马克为哥伦比亚所做的努力无疑体现在他对微槽唱片的开发当中。1947年，他开发了一个录音头，能够切刻锥形且紧密排列的声槽（尺寸为0.003英寸或0.007厘米），和一个可以循迹这些声槽的唱头，以及一个出色的均衡系统，以解决内侧声槽声音不佳的问题。新唱片每英寸有224~226个声槽，而之前的唱片每英寸有80~100个声槽[52]。在设计新碟片时，戈德马克从较重的虫胶转向更轻的材料乙烯基，并将每分钟转数从78更改为$33^1/_3$[53]。用他的新型轻质唱头播放微槽唱片，声音的保真度大大提高[54]。

为了展示戈德马克的成果，哥伦比亚召集媒体在纽约市的华尔道夫酒店举行展示活动。那一年是1948年，在场的许多记者也曾经目睹了维克多在1931年推出它的LP技术时的失败，所以现场热情相当低，期望也很低。随着哥伦比亚总裁爱德华·沃勒斯坦（Edward Wallerstein）令人信服地展示了戈德马克LP的优势，这个情况很快就改变了。耸立在他的一侧的是堆到8英尺（2.4米）高的传统虫胶唱片，另一侧则是小人国般的一叠15英寸（38.1厘米）高的新微槽LP：两叠都包含相同数量的音乐。沃勒斯坦巧妙地先播放了4分钟的78转唱片，在这种格式经常因换碟而中断的情况下，他过渡到用新LP播放同一音乐，不间断播放的时间为23分钟。

LP不仅可以播放更长时间、具有更低的表面噪声并减少了碟片磨损，而且还能够减少存储所需的物理空间。当然，消费者也被费用的节省所吸引，因为购买一张LP比音乐数量相当的5张78转唱片省钱。

效率并非LP崛起的唯一决定因素。可以肯定的是，LP的声音保真度比78转唱片有很大的提高。虫胶唱片声音的主要缺点在于它的录制方式，即直接在蜡或醋酸纤维坯上录制。然而，LP唱片能够充分利用新的磁带录音技术，以及这一技术在录音室中的迅速普及所带来的优势。磁带可录制20~20000Hz的信号，在改善声音方面取得了巨大的进步。

此外，它可以连续录制超过30分钟，让音乐家可以自由地表演，而不需要为了适应更有限、更陈旧的技术而频繁中断。此外，由于前所未有的可编辑性，录音能够以艺术上更完整的形式转到微槽母版上。阿图罗·托斯卡尼尼（Arturo Toscanini）、利奥波德·斯托科夫斯基（Leopold Stokowski）和宾·克罗斯比（Bing Crosby）是早期著名的磁带录音倡导者[55]。

有了新的LP，哥伦比亚公司需要一台唱机来播放它们，于是聘请了总部位于费城的Philco（飞歌）公司来制造所需的唱机、唱臂和唱头。与传统的集成了唱机、放大器和扬声器的柜式组合系统相比，Philco的方案开创了独立唱机时代，并为这一时代绘制了蓝图。

○○　转速之战

在华尔道夫酒店推出这张长时播放唱片之前的两个月，哥伦比亚的高管们决定将这张新唱片的优点介绍给其长期的竞争对手RCA Victor，其动机是一起有力地将行业的偏好转向新格式。最初有理由对此保持乐观，因为当时的RCA Victor总裁大卫·萨诺夫（David Sarnoff）高度评价了新的33$\frac{1}{3}$转LP。令人惊讶的是，与最初的热情相反，哥伦比亚的高管们没有收到RCA Victor的回复，于是决定单干[56]。

RCA Victor也无法抗拒革命性的LP的吸引力，但骄傲的掌舵者埃尔德里奇·约翰逊不愿屈居哥伦比亚之后。在RCA Victor工程师的努力下，对哥伦比亚的反击以7英寸45转/分钟乙烯基微槽唱片形式出现。为了适应其新的45转/分钟的转速，RCA Victor发布了所谓的"世界上最快的唱片更换器"，用于其9JY和9EY3唱机，低调地寻求基于便利性的大众市场方案，将更挑剔的市场（即古典音乐）留给哥伦比亚[57]。唱片更换器旨在解决45转/分钟唱片与LP相比播放时间较短，以及播放不同唱片时必须中断的问题。通过将一堆唱片依次放到唱机上提供不间断的播放是RCA Victor对哥伦比亚LP的反击[58]。

然而，LP的魅力越来越难以抗拒，因为Columbia通过授权给渴望采用它的唱片公司促进了新格式的广泛接受。很快签约的公司包括Mercury（水星）、Decca（迪卡）、London（Decca的出口品牌）、Concert Hall（音乐厅）、Vox和Cetra-Soria[59]。一个值得注意的早期抵抗来自总部位于英国的EMI公司，当它最终服软时，损失了近400万美元[60]。

1950年1月，随着它的声望和荣誉的显著下降，RCA Victor采用了LP，推出了它的"伟大的艺术家和无与伦比的古典音乐库，基于新的和改进的长时播放（33$\frac{1}{3}$转/分钟）唱片"[61]。RCA对LP的投降绝不是致45转唱片的悼词，因为它开始成功地渗透到流行（即非古典）音乐的新市场。小而坚固的45转唱片在粉丝中产生了足够的吸引力，他们发现了它的便利性和丰富的曲目。这些年轻的听众也被当时如雨后春笋般涌现的音乐明星所吸引。在这方面，45转唱片也因将摇滚乐带给大众而受到称赞[62]。

○○　高保真和现代唱机的诞生

毫不夸张地说，LP开启了高保真（Hi-Fi）时代，"高保真"是20世纪50年代营销团队广泛使用的术语。随着LP承诺提供更宽的动态范围、更低的噪声、更长的播放时间和更高的声音保真度，音响制造业出现了一个现象：在市场上，一种全新的、对高保真独立组件的痴迷开始生根发芽，丰富的商品在音响博览会展出。第一个值得注意的展会是1949年的纽约音响博览会，它满足了人们对音频重放的浓厚兴趣[63]。

这一时期被称为音响行业的黄金时代，*High Fidelity*等新杂志让消费者了解到最新的设备以及来自音乐和唱片界的新闻[64]。高保真爱好者也是新DIY运动的一部分，这一运动倡导自己制作组件，为数十年后的唱机设计师播下了种子。

随着LP的出现，78转唱片、虫胶唱片以及令人惊讶的经久不衰的留声机落下了帷幕。到20世纪50年代，爱迪生的有声机器和他的垂直切刻圆筒已成为博物馆的展品。如果将此解释为爱迪生的最终妥协，将会歪曲历史，玷污他的遗产。事实上，爱迪生成功地实现了他想做的事情，他的意图最终得以实现："在遥远的未来，当我们的后代希望用当时复杂的制作方式演绎我们这些简单的瓦格纳歌剧时，也许需要十几支管弦乐队同时演奏几个不同的音调，他们将拥有我们和声简单的音乐作品的准确的留声机唱片"[65]。

○○　A. R. Sugden & Co.（萨格登）

　　20世纪50年代初，一位没有接受过正规的电子学训练、自学成才的工程师阿诺德·萨格登（Arnold Sugden）创立了自己的同名公司。到了1953年，萨格登开始为他的Connoisseur（鉴赏家）系列设计唱机、唱臂和唱头。值得注意的是，他制造了自己的刻片车床，用以制造早期的微槽LP，以便在他的唱机上播放。虽然萨格登没有得到艾伦·布卢姆林（Alan Blumlein）那样在早期立体声叙事中的历史赞誉，但他在许多方面都是黑胶唱机立体声重放领域最令人印象深刻的先驱。在立体声被行业充分接受之前，他就开发了早期的立体声唱头、用于安装新唱头的轻质唱臂，以及后来成为当代唱机主要驱动系统的皮带驱动式唱机。

1.1　CONNOISSEUR 唱机，A. R. SUGDEN，20世纪50年代

1.1

○○   Birmingham Sound Reproducers（BSR）

丹尼尔·麦克莱恩·麦克唐纳（Daniel McLean McDonald）于1932年在英国成立了Birmingham Sound Reproducers。到1951年，该公司在设计和制造自动及手动唱机，以及唱机换片器方面崭露头角。BSR为广受欢迎的唱机品牌Dansette提供换片器，帮助Dansette成为英国备受认可的品牌。到20世纪60年代初，BSR还协助B&O开发磁带卡座技术，这证明了BSR在模拟技术领域的广泛技能和贡献。

1.2   MONARCH唱机，BSR，20世纪50年代

1.2

○○　Braun（博朗）

　　迪特尔·拉姆斯（Dieter Rams）在第二次世界大战后对美丽新世界的展望赋予了博朗（Braun）唱机设计独特的德国现代主义品质。博朗公司在设计过程中大力提倡团队合作，其唱机是与格尔德·A.米勒（Gerd A. Müller）、汉斯·古格洛特（Hans Gugelot）以及华根菲尔德工作室（Werkstatt Wagenfeld）等知名人士的合作成果。20世纪50年代，博朗最具标志性的唱机SK4亮相，即著名的"白雪公主的棺材"（戏称），为20世纪50年代的世纪中期唱机设计奠定了基础。涂漆钢板、榆木、亚克力和有机玻璃防尘罩的组合赢得了设计界的好评，1958年至1959年在纽约现代艺术博物馆展出时是最引人注目的。拉姆斯的功能主义信条也融入他特别设计的唱机中，即PC3，以及1959年的P1，后者可能是有史以来最具标志性的便携式唱片播放机。其设计特征后来融入他的Atelier系列音响产品，后来被T+A和ADS等公司的设计所采用。

1.3

1.3　PC 3 唱片播放机，迪特尔·拉姆斯，格尔德·A.米勒，以及华根菲尔德工作室，BRAUN，1956年

1.4　SK 4 单声道收音机唱机组合，迪特尔·拉姆斯，汉斯·古格洛特，格尔德·A.米勒，以及华根菲尔德工作室，BRAUN，1956年

1.5　ATELIER 1-81 紧凑型立体声音响系统，迪特尔·拉姆斯，BRAUN，1959年

1.4

1.5

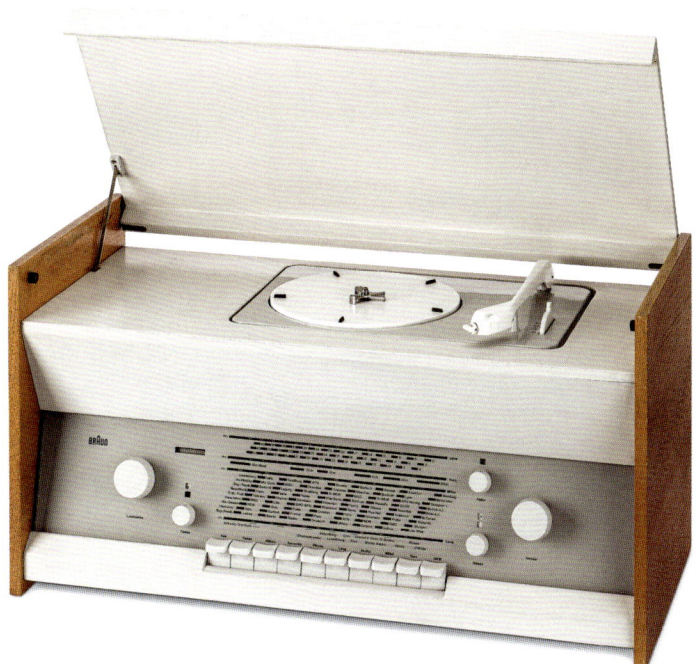

1.6 P 1 便携式唱片播放机，迪特尔·拉姆斯，BRAUN，1959年

1.7 PHONOKOFFER PC 3 便携式唱片播放机，迪特尔·拉姆斯，格尔德·A.米勒，以及华根菲尔德工作
    室，BRAUN，1956年

1.8 STUDIO 2: CS 11，CE 11，以及 CV 11模块化Hi-Fi系统，迪特尔·拉姆斯，BRAUN，1959年

1.6

1.7

1.8

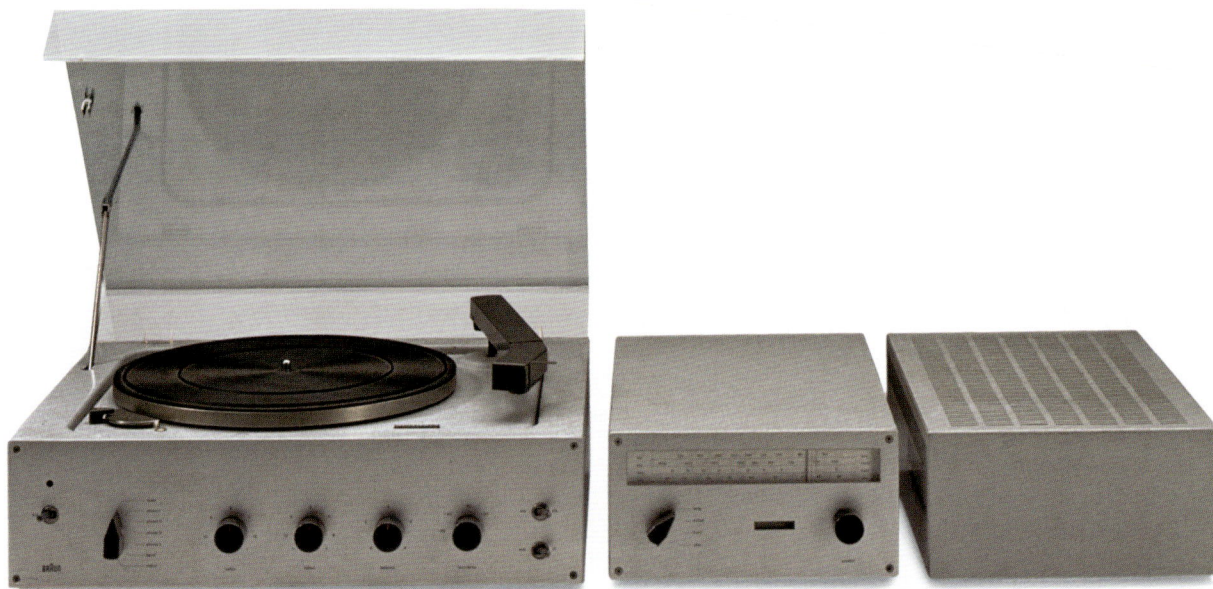

○○　Collaro（科拉罗）

克里斯托弗·科拉罗（Christopher Collaro）是希腊人，十几岁时移民到英国，于1920年创立了自己的同名公司。成立后不久，Collaro迅速成为留声机发条驱动装置制造领域的强大企业，为业界提供其广告所描述的"坚固、静音、紧凑和英式"的产品[66]。第二次世界大战后，Collaro转向生产自有品牌的唱片播放机，同时还主要生产唱片更换器。获得多项专利后，Collaro最终成为20世纪50年代和60年代世界上最大的唱片更换器供应商之一。

1.9　4T200 唱片播放机，COLLARO，20世纪50年代

1.9

○○　Decca（迪卡）

虽然Decca（迪卡）作为一家唱片公司比作为音响制造商更为著名，但它为模拟录音回放做出了重要的贡献。在第二次世界大战期间，迪卡与英国军方合作开发了一种识别英国潜艇与德国潜艇的技术，创造了全频域录音（FFRR）系统，并于战后开始销售首批FFRR唱片。继新发行的FFRR唱片产品之后，迪卡推出了Decca International唱臂以及Decca London唱头。其独特的唱头具有固定的线圈和磁铁，以及装有钻石唱针尖的L形唱针杆。唱臂也是独一无二的，采用硅油阻尼的单轴设计，利用磁力支撑唱臂，并具备防滑调节功能。这些特点后来被广泛应用于众多的未来唱臂设计之中。

1.10　　DP910 便携式唱片播放机，DECCA，20世纪50年代

1.10

○○　Dansette（丹赛特）

Dansette（丹赛特）是另一个受欢迎的英国品牌，由总部位于伦敦的J&A Margolin公司制造。丹赛特于20世纪50年代初开始销售其唱片播放机，到20世纪60年代售出了至少100万台播放机。这些机器因其通用性而广受赞誉，能够以多达4种速度播放7英寸、10英寸和12英寸的唱片，兼容多代唱片格式，并且通常配备BSR自动换片器，允许连续播放多张唱片。这个时期的Viva、Junior、Monarch和Diplomat等型号强调便携性，是公司的优秀产品。丹赛特早期的Plus-a-Gram和Senior唱片播放机非常昂贵，但由于该品牌的时尚形象，青少年最终开始购买它们。为了吸引年轻人群，丹赛特向青少年推广其Junior De Luxe型号，并取得了巨大成功。

1.11　流行的便携式唱片播放机，DANSETTE，1962年

1.11

1.12

1.13

1.14

○○　Elektromesstechnik（EMT）

很少有唱机像EMT设计的那样受人尊敬，或者拥有更长情的追随者。威廉·弗朗兹（Wilhelm Franz）于1938年在柏林创立了这家公司，当时名为Elektromesstechnik Wilhelm Franz K. G.。战后，他构思了一个按照更严格、更耐用的广播级标准建造的唱机系列。EMT与Rundfunktechnisches Institut（"广播技术研究所"）合作，于1951年发布了其传奇的927唱机。927唱机用Papst电动机驱动的惰轮带动一个巨大的唱盘，坦克般坚固的结构使得许多唱机到今天仍在使用。紧随其后的是稍微经济一些的930型号，以及1958年推出的927和930型号的立体声版本。EMT为它的第一款唱臂RF-297寻求Ortofon的帮助，并请它为EMT设计唱头。最初的单声道版本装有自己专有的唱机前置放大器，20世纪50年代末立体声变得普遍之后，即修改成立体声版本。EMT唱机采用朴素的电木底座和钢制开放式框架，凭借严格的质量控制赢得了始终如一的美誉。

1.15	927 唱机，EMT，1951年（此款，1953年）
1.16	927A 唱机，EMT，1954年

1.15

1.16

○○ Fairchild（仙童）

Fairchild（仙童）公司由谢尔曼·费尔柴尔德（Sherman Fairchild）创立，是一家美国公司，为专业市场和消费市场开发产品。仙童出现在20世纪50年代的舞台上，重点生产用于唱片行业的刻片车床和用于家庭播放的高质量设备。紧凑轻巧的225动圈唱头，以及412唱机和280A唱臂，在发烧友圈子里赢得了广泛支持。尽管当时价格昂贵，412唱机仍特别引人注目，因为它的早期电子振荡器提供了对唱盘速度的非机械控制。此外，它还可以选择使用电池供电，这种方法几十年之后也在Simon Yorke（西蒙·约克）和Thales（泰勒斯）的唱机设计中使用。

1.17　412 唱机，FAIRCHILD，20世纪50年代

1.17

○○　Philco（飞歌）

　　新推出的微槽LP唱片需要新的唱机来播放。自然而然地，唱片公司和唱机制造商之间形成了共生关系。在这种情况下，哥伦比亚聘请Philco（飞歌）来制造第一批能够播放新唱片的机器。飞歌很快推出了它的M-15型号，该型号只支持$33\frac{1}{3}$转速，采用电木制成，设计用于播放7英寸、10英寸和12英寸唱片，并具有自动启动和停止功能。M-15被称为"唱片播放机附件"，这是对需要放大器、唱机前置放大器和扬声器的独立组件的早期描述[67]。这种独立组件的新颖概念最终被Hi-Fi（高保真）文化所接受。与竞争对手相比，飞歌在技术上相当先进。1955年，飞歌推出了世界上首批全晶体管唱机TPA-1和TPA-2，取代了电子管唱机，并使用D型电池（即1号干电池）作为电源。作为一款便携式设计，它们引起了市场的广泛关注。但到了1956年，飞歌停产了这些产品，因为当时晶体管的成本与前代的电子管相比令人望而却步。

1.18　M-15 唱片播放机，PHILCO，1948年

1.18

○○　Garrard（杰拉德）

在20世纪50年代的唱机排行榜上，Garrard（杰拉德）的高排名并不夸张，也非基于对复古唱机的浪漫情怀。该公司的历史可追溯至创立时的1735年。杰拉德由银匠乔治·威克斯（George Wickes）创立，曾被指定为英国第一家官方皇冠珠宝商，负责皇冠珠宝的维护。1915年，Garrard and Company（杰拉德公司）成立，并转型为军用零部件制造商，随后转向为哥伦比亚和迪卡等公司制造留声机发条驱动装置。到了20世纪50年代，公司的全部努力都集中在打造超高端的转录唱机（译注：Transcription Turntable，指用于转录目的、可以播放16英寸唱片的广播级唱机）上。其成果就是1954年发布的Garrard 301。它能够播放33$\frac{1}{3}$、45和78转唱片，它配备了一个巨大、壮观的电动机以驱动惰轮，通过其边缘驱动转盘。底座由铝制成，外观最初是灰色的，后来改为灰白色的。杰拉德最初提供润滑脂轴承，但在1957年改用含油轴承。与EMT的产品以及Thorens TD 124类似，Garrard 301保持着当之无愧的杰出地位。301是20世纪50年代唱机设计的关键代表，至今仍被多方搜寻、珍藏和精心修复。

1.19　301 STATEMENT 唱机，GARRARD，由ARTISAN FIDELITY修复并升级，2018年

1.19

○○　Lenco（伦科）

　　这家公司的名字源自它的创始人弗里茨（Fritz）和玛丽·朗（Marie Laeng）的姓氏，他们是一对有抱负的夫妇，致力于在瑞士布格多夫创造精美的音响产品。Lenco（伦科）成立于1946年，以其耐用的惰轮驱动唱机而闻名，尤其是20世纪50年代推出的F50和B50-16型号。F50在20世纪50年代经历了多次迭代升级，从三速到带有固定唱臂的四速；到50年代后期，F50更新了一个可拆卸的电木唱头壳。F50简朴而可靠，但在音响设计史上却长期处于默默无闻的状态。然而，Lenco唱机最近被模拟圈子发掘出来，爱好者们正在搜寻优质品进行定制修复。

1.20　F50-8 唱机，LENCO，1948年（此款，1955年）

1.20

○○　Grundig（根德）

　　与20世纪50年代的现代主义运动相反，一些公司继续制造装有唱机、磁带录音机和收音机的大型柜式组合音响。柜式组合音响在20世纪50年代仍然很受欢迎，总部位于德国的Grundig（根德）出品了一些这个时期最好的产品。该公司广受欢迎的Majestic柜式组合音响有多种变体可供选择，通过独家经销商网络销售。根德常用的唱机来自Perpetuum Ebner，这是一家历史悠久的德国唱片播放机制造商。

1.21 - 1.22　MAJESTIC 9070 立体声柜式组合音响，GRUNDIG，1956年

1.21

○○　Phillips（飞利浦）

通常，对20世纪50年代唱机设计的描述倾向于强调这一时期的专业性和广播用途。然而，飞利浦采取了一种反直觉且更加异想天开的方法。这是非同寻常的，因为荷兰电子产品制造巨头飞利浦拥有制造EMT、Garrard或Thorens级别唱机的资源，却选择了设计和销售色彩缤纷、生动活泼的便携式设备。与迷人的Dansette或时尚的Decca一样，飞利浦也希望吸引战后的年轻一代消费者。在20世纪50年代初，飞利浦发布了一系列便携式播放机，首先是22GP200，它结合了皮革和塑料，可播放33$\frac{1}{3}$转和45转唱片，随后是Sentinel多彩系列。飞利浦成为商业唱片播放机品牌的领导者，它的产品成为大众唱片播放机。

| 1.23 | SENTINEL 便携式唱片播放机，PHILIPS，20世纪50年代 |
| 1.24 | PHONOKOFFER Ⅲ 唱片播放机，PHILIPS，1953年[对页] |

1.23

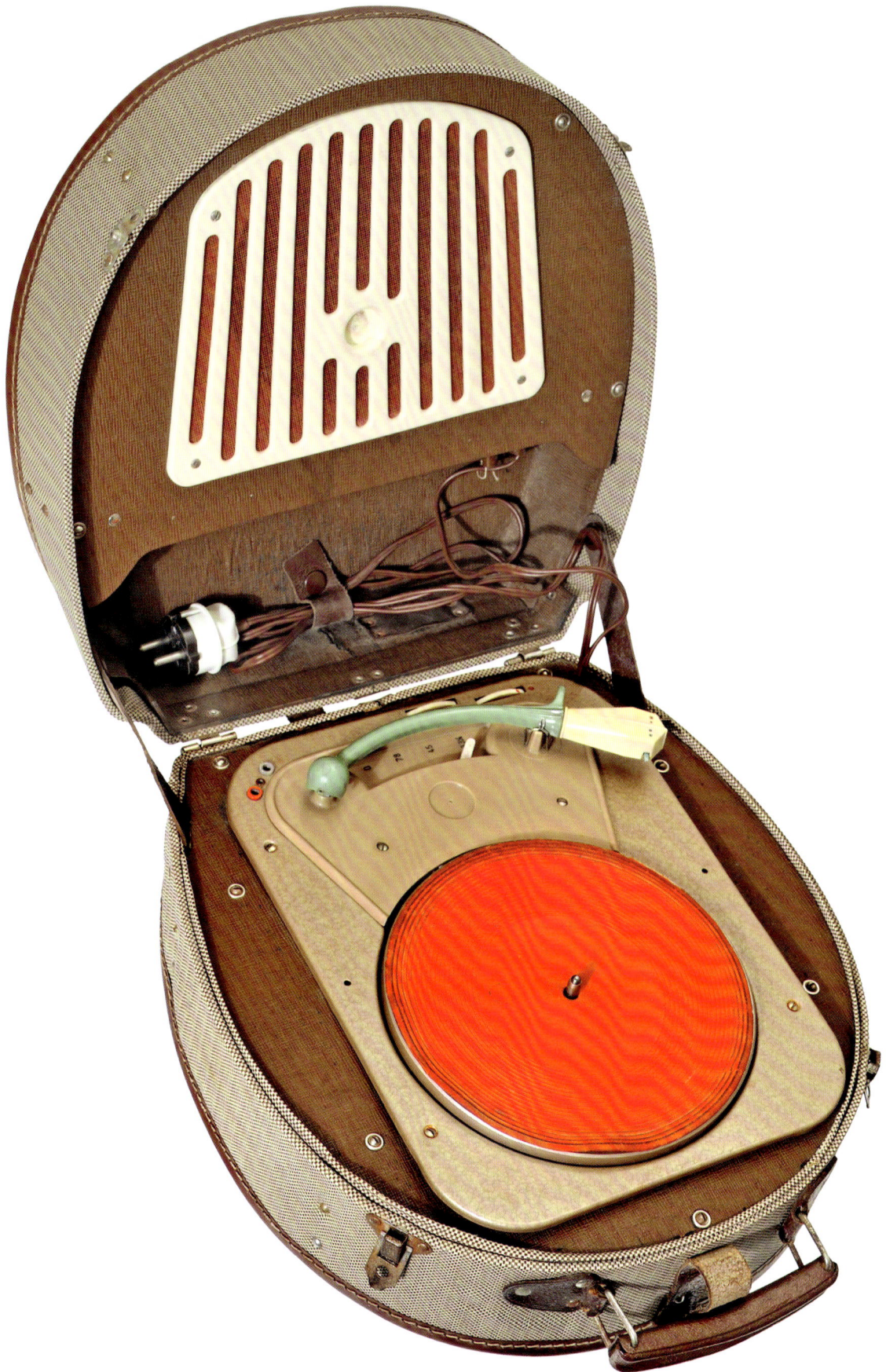

○○　RCA Victor

　　RCA Victor最初拒绝了哥伦比亚的微槽LP唱片，转而追求它自己的45转唱片，这导致了更小巧、更精致的唱片播放机和唱片更换器的出现。RCA Victor开展了一场营销活动，宣扬45转唱片优于哥伦比亚的33$\frac{1}{3}$转LP，声称"托斯卡尼尼、库塞维茨基、鲁宾斯坦、海菲茨、霍洛维茨以及许多其他伟大的音乐权威都听过45转唱片，并宣告它是所有录制音乐中最好的。[68]"第一款进入市场的播放机是RCA Victor 45，它既可以用作全自动播放机，也可作为附件。自动换片器最多可播放10张唱片和长达50分钟的音乐播放。RCA Victor最终采纳了哥伦比亚的33$\frac{1}{3}$转微槽LP格式，但45转唱片一直流行到20世纪80年代。不过，针对专门的45转唱片播放机的热情并没能幸存，大多数20世纪50年代之后的唱机同时兼容这两种速度和格式。

1.25　9-EY-3 留声机，RCA VICTOR，约1949年

1.25

○○　Rek-O-Kut

　　这个品牌的名字源自它制造的唱片或碟片刻片机的车床（译注：Rek-O-Kut即"唱片切刻"的英语"record cut"的谐音）。Rek-O-Kut是许多20世纪50年代广播演播室和广播电台的行业标准，并以其多样化的驱动机制而闻名。该公司于1949年推出的三速惰轮与轮缘驱动的B-16H转录唱机让公司以制造坚固耐用的机器而闻名。B-16H采用铸铝制成，具有径向加强筋，坚固耐用，并配有15英寸（38.1厘米）的巨大转盘，可以与当时的EMT唱机媲美。凭借后续的LP-743以及20世纪50年代中期流行的Rondine型号，Rek-O-Kut证明了它可以胜任广播级转录唱机。

1.26　　T-12H 高级唱机，REK-O-KUT，由TORQUEO AUDIO改装并升级，约2016年

1.26

Leak（立克）

1934年，哈罗德·约瑟夫·立克（Harold Joseph Leak）创立了音响设计领域英国流派的另一家杰出企业Leak。该公司在20世纪50年代通过它的放大器和扬声器确立了自己的地位，但它的动态唱头和唱臂及立体声唱头也是令人印象深刻的成就。经过5年的研究和开发，使用单点支撑轴承减少摩擦，该公司开发出了惯性极低的唱臂。立克为其钻石唱针唱头提供了自己的升压变压器，全面解决了唱机的前端问题。

Burne Jones（伯恩·琼斯）

一般来说，20世纪50年代的模拟文化确实将唱机的设计置于更为突出的地位，而唱臂的创新在50年代末才开始迅速发展，以适应立体声唱头。Burne Jones（伯恩·琼斯）Super 90正切唱臂对于这个常规来说是一个比较奇异的特例。正切唱臂的目标是沿着连续的径向线循迹唱片的声槽，以和切刻声槽相同的方式循迹声槽。当时，传统的唱臂设计倾向使用从单个支撑点跨越唱片表面的旋转唱臂。与正切唱臂相比，旋转唱臂的零件更少，复杂性更低，制造成本更低，但理论上它们的循迹性能较差，因为偏移的唱头无法保持与唱片表面相切，特别是在接近最靠近碟片中心的声槽的时候。20世纪50年代的伯恩·琼斯支持直线循迹方案，是更复杂、更纯粹的正切唱臂的早期先驱。尽管旋转唱臂几十年来一直是唱臂的主导类型，但许多后来的High-End设计师在伯恩·琼斯的基础上创造了更先进的正切唱臂。

1.27　钻石LP唱头，LEAK，20世纪50年代

1.28　SUPER 90 正切唱臂，BURNE JONES，20世纪50年代

1.27

1.28

○○ Ortofon（高度风）

在当前正在进行的模拟复兴运动中，就传统与当前的关联程度而言，很少有公司可以与Ortofon（高度风）相媲美。这家可敬的丹麦公司的历史可以追溯到1918年，由阿诺德·保尔森（Arnold Poulsen）和阿克塞尔·彼得森（Axel Petersen）创立。在成立之初，Ortofon大力投资电影的动圈磁技术，后来将其从该行业学到的知识应用于制造唱片播放机。到20世纪50年代，该公司已经推出了多种设计，例如AB型、A型和C型单声道动圈唱头。C型是按照专业广播的循迹要求制造的，其唱针与高度风当前的SPU CG 25所用的是同一元件。高度风的动圈设计备受推崇，因此EMT为它的927唱机选择了一款，和Ortofon设计的RF-297唱臂一起使用（如前文有关EMT部分所述），后来更换为RF-229。这两支唱臂均为可兼容A型和C型唱头的设计，高度风品牌的版本则分别是SMG-212和RF-309。1957年，高度风通过推出立体声刻片头展示了它的技术实力。为了继续公司在立体声重放方面的进步，著名工程师罗伯特·古德曼森（Robert Gudmandsen）设计了立体声唱头，通常称之为SPU。该设备遵循Neumann DST-62唱头的配置，具有一组排列成直角的额外触点。如今，SPU仍由高度风生产，是修复古董唱机的一种流行且协同的选择。

| 1.29 | PU C 钻石 C-型唱头，ORTOFON，20世纪50年代 |
| 1.30 | RM-309唱臂，ORTOFON，20世纪50年代 |

1.29

1.30

20世纪60年代

○○ **唱机驱动机制的高峰:**
    惰轮驱动,皮带驱动,直接驱动

20世纪50年代的趋势体现了消费者对便利性的偏好。唱片更换器在唱机领域占据主导地位,这种应用决定了所需的驱动机制类型。由于多张唱片堆叠在一个主轴上,重量很大,因而需要具有高扭矩的强大驱动系统,确保唱片以正确的速度旋转。

为了达成这一目标,最合适的机制是惰轮驱动。惰轮驱动机制采用一个由电动机驱动的橡胶轮,位于唱盘下方。这种设计通过惰轮的隔离,防止电动机产生的振动与唱盘产生共振。然而,惰轮仍然与电动机耦合,由于高扭矩的需求,较高的振动是不可避免的。这一挑战并未阻止德国公司Dual(雕傲)在其20世纪60年代流行的1009和1019唱机中改进惰轮驱动机构。但很明显,这个行业正在逐渐远离惰轮驱动。

为了使转盘免于振动,高效的皮带驱动机制在20世纪60年代被引入,使问题大大简化。皮带驱动机制采用一台体积较小,功率也较小的电动机,由这台电动机带动绕在转盘上的橡胶皮带。在这种皮带驱动机制中,电动机是被隔离的,因而被认为可以吸收振动。有一款著名的皮带驱动唱机是Acoustic Research(AR,声学研究)制造的,它引入了三点悬挂并引领了皮带驱动的发展。到了20世纪70年代,甚至强调惰轮驱动的Dual公司最终也将它的产品线扩展到皮带驱动唱机,承认这种机制的优点,并满足市场的需求。

在机制演变方面,也许更令人称奇的是直驱唱机的发明——它在唱机设计史上文化影响深远。直驱唱机是松下(Matsushita,后来成为松下电器,Panasonic)的子公司Technics的工程师小幡修一(Shuichi Obata)的创意。这种机制在唱盘下方装有一台电动机,直接耦合并驱动唱盘下面的轴承。小幡修一于1969年推出了传奇的直驱唱机SP-10[69],解决了皮带磨损和启动慢的问题,最初面向专业领域,后来通过SL-1100和SL-1200扩展到消费市场。Technics唱机最终永驻于从20世纪70年代开始并持续到21世纪的DJ圈子[70]。由于它的创新设计,Technics在20世纪70年代和80年代帮助推动了众彩纷呈的日本唱机浪潮,对此将在第四章进行更深入的讨论。

○○ **从单声道到立体声**

各种驱动方式的发展以及唱机和黑胶唱片市场的持续增长是由模拟文化的一个基本要素推动的:对立体声录音及回放的渴望。正如汉斯·范特尔(Hans Fantel)所描述的:"千百万年前,当地球上首次出现具有两只眼睛、两只耳朵的生物时,立体声就被发明了。你用两只眼睛和两只耳朵成对地感知世界,这就是视觉和听觉具有三维感的原因[71]。"

在20世纪50年代末,对立体声的直观理解已不算什么新鲜事了。在早得多的时候,1881年,立体声的实际应用已经在巴黎出现:法国工程师克莱门特·阿德(Clément Ader)有了将电话发射机放在舞台上并向在家收听的用户广播演出的想法。正如《纽约时报》援引阿德的专利所说的："发射器（即电话受话器）在舞台上分布为两组——左右各一组。订户同样有两个接收器，一个连接到发射器的左侧线路，另一个连接到右侧线路……这种对声音的双重聆听，通过两套不同的装置接收和传输，在耳朵上产生的效果与立体眼镜在眼睛上产生的效果相同。"简而言之，克莱门特·阿德发明了立体声重放[72]。

虽然立体声重放是19世纪出现的，但这一概念的发展却要等到20世纪30年代。据报道，EMI中央研究实验室的高级工程师艾伦·布鲁姆林（Alan Blumlein）在电影院听到远处单只音箱发出的电影声音后感到失望。布鲁姆林拒绝仅仅使用两只音箱对应两只耳朵的简单化的立体声应用，而是专注于在重放音乐的时候重新创建声学空间并保留空间因素的元素。他成功地刻录了一张带有两条声槽的碟片，能够同时同步循迹和播放。他的研究促使他开发了一种唱针，能够从特殊刻划的声槽中读取两个信号，从而有效地实现立体声重放。他创造性地结合了托马斯·爱迪生所倡导的古老的峰与谷的方法以及埃米尔·柏林纳倡导的横向技术，成功地将两个独立的声道放置在同一个声槽中。布鲁姆林于1931年申请了"双耳声音"专利，被誉为现代立体声重放之父[73]。

继布鲁姆林的成就之后，指挥家利奥波德·斯托科夫斯基（Leopold Stokowski）在贝尔实验室的支持下，探索了音乐艺术中的立体声重放，并在华特迪士尼动画电影《幻想曲》的Fantasound立体声系统中得到了商业应用[74]。但奇怪的是，贝尔实验室却不愿意继续推进这项工作。到了20世纪50年代，立体声的地位已经降低，变得毫无价值且无关紧要，这可能是由于制作立体声唱片的实际困难所致。尽管经历了这段时期的低迷，一些重要的企业仍然支持立体声重放，并推动这种媒介的发展。

埃默里·库克（Emory Cook）创立的Cook Records就是这样的企业之一。1952年，库克率先制作了商业立体声唱片，并将其称为"双声道（binaural）"。他通过刻划两个独立的单声道音轨来实现这一目标，这两个音轨需要使用两个独立的仔细对齐的唱头，才能实现双声道播放。为此，他创造了一种名为双声道卡扣的东西，可以连接到已有的唱臂以安装第二个唱头[75]。

阿诺德·萨格登（Arnold Sugden）参与了立体声领域的早期工作。他通过Connoisseur系列唱机和唱臂，展示了一种双通道单声槽（two-channel single-groove）唱片。他的方法被英国Decca唱片公司和德国Telefunken唱片公司大规模采用[76]。1954年，RCA Victor的工程师们，以及Mercury的罗伯特·费恩（Robert Fine）和Atlantic的汤姆·多德（Tom Dowd）也为立体声重放研究做出了贡献，他们都独立地为一个共同的目标而努力[77]。然而，尽管有这些开拓性的努力，立体声重放的商业可行性充其量仍然停留在幻想和追求阶段，可望而不可即。

○○ 从磁带到立体声唱片

如果没有磁带技术的同时进步，立体声唱片的诞生就不可能进一步发展。尽管德国AEG公司在磁带研发方面处于领先地位，却是一名美国士兵的努力才让这项技术进入了录音和播放行业。第二次世界大战结束时，陆军通信工程师杰克·穆林（Jack Mullin）被派往德国取回并评估缴获的电子设备。他的发现之一是AEG的Magnetophon，该设备曾被德国广泛地用于录音和广播目的。1946年5月16日，在拆解并大幅修改了Magnetophon后，穆林将其展示给旧金山的美国无线电工程师协会。那天的许多听众后来都为磁带先驱公司Ampex（安培）工作[78]。

根据工程师们听到的情况，并大量借鉴了Magnetophon，Ampex在磁带技术上投入了大量资金，最终于1952年推出了第一台磁带录音机Model 200。Model 200是一台单轨（单声道）机器，但Ampex决心制造双轨（立体声）机器。然而，高管们很清楚，只有唱片行业也接受双轨和双声道录音，制造双轨机器才有意义。在1953年的纽约音响博览会上，Ampex的罗斯·斯奈德（Ross Snyder）与录音爱好者兼音响推销员比尔·卡拉（Bill Cara）一起展示了他们制作的多轨录音。这段录音是在火车站录制的，捕捉到了火车接近和离开站台时的高分贝声音以及其他声音，例如蒸汽喷射的声音。声音通过新开发的Ampex 400多轨机器重新制作，他们在音响博览会上通过3只间隔较远的音箱播放，令与会者信服并留下深刻印象。[79]

随着这种兴趣重新恢复活力，磁带开始采用立体声录音，消费者可以在新的但昂贵的Ampex机器上播放。到20世纪50年代末，各大唱片公司已经在考虑如何全面过渡到立体声唱片，而避免重复20世纪50年代初发生的转速之争。唱片行业需要一种立体声LP压制标准，以使市场能够顺利地接受新媒介。西电的子公司Westrex的刻片系统实现了这一目标。在磁带流行期间，Westrex谨慎地开发一种新的立体声刻片机，以取代过时的单声道设计。1957年8月26日，Westrex邀请业界领先的工程代表在其好莱坞实验室进行演示。Capitol Records（国会唱片）提供了音源资料，从磁带到Westrex立体声唱片的过程被称为："引荐给立体声"。

虽然与会者的目的并非确定行业的立体声刻片标准，但Westrex演示引发的集体热情导致美国唱片工业协会（RIAA）于1957年12月27日采用了Westrex 45/45系统[80]。RIAA是美国首个唱片行业协会，其宗旨是为唱片行业制定标准。一般认为，它的第一项重要成果发生在1954年，当时它为黑胶唱片的录制和播放制定了标准均衡曲线[81]。随着唱片行业进入到20世纪60年代，即立体声的第一个十年，RIAA对Westrex立体声格式的接受是更有意义的工作，这为所有唱机、唱臂和唱头的设计方法奠定了基础。

○○　　Acoustic Research（AR，声学研究）

　　AR由两位音响梦想家埃德加·维尔丘尔（Edgar Villchur）和亨利·克洛斯（Henry Kloss）创立，该公司因发明密闭音箱而闻名。继这一成功之后，AR将其专业知识应用于唱机设计，并于1961年发布了革命性的XA唱机。XA唱机因其对工业设计的贡献而在现代艺术博物馆展出，其设计理念为大多数后来的设计绘制了蓝图。隔离是通过将唱臂和唱盘放置在子平台上来实现的，子平台通过阻尼弹簧悬挂在顶板下方。这种方法因能够保护唱机免受外部振动（例如脚步声或声反馈）的影响而闻名。作为皮带驱动机制的早期倡导者，AR改进了这种方法，采用轻质唱盘（类似于Acoustical的设计），并将低功率电动机安装在顶板而不是子平台上，从而确保电动机振动远离唱片和敏感的唱头。XA实现了令人印象深刻的低噪声和精确的皮带驱动速度，受到其他公司的关注，这些公司的产品中，最著名的产品是Thorens TD 150和Linn Sondek LP12。

2.1　　XA 唱机，Acoustic Research (配RB250唱臂，Rega)，1961年

2.1

○○   Acoustical

Acoustical在荷兰设计和制造，最初名叫Jobo，专注于制造广播级别的唱机。在20世纪60年代，它推出了皮带驱动的3100唱机。与许多广播级唱机竞争对手不同，Acoustical选择了由刨花板制成的轻质唱盘，以减少噪声并避免干扰当时流行的动圈唱头的磁场。驱动3100唱机的是高品质Papst Auss-enläufer电动机，具有出色的启动时间和速度稳定性。Jobo 2800平衡唱臂使用一根弹簧以产生向下的力，从而实现出色的循迹效果，是3100唱机的热门搭配。

2.2 - 2.4   3100 唱机，ACOUSTICAL，约1968年

2.2

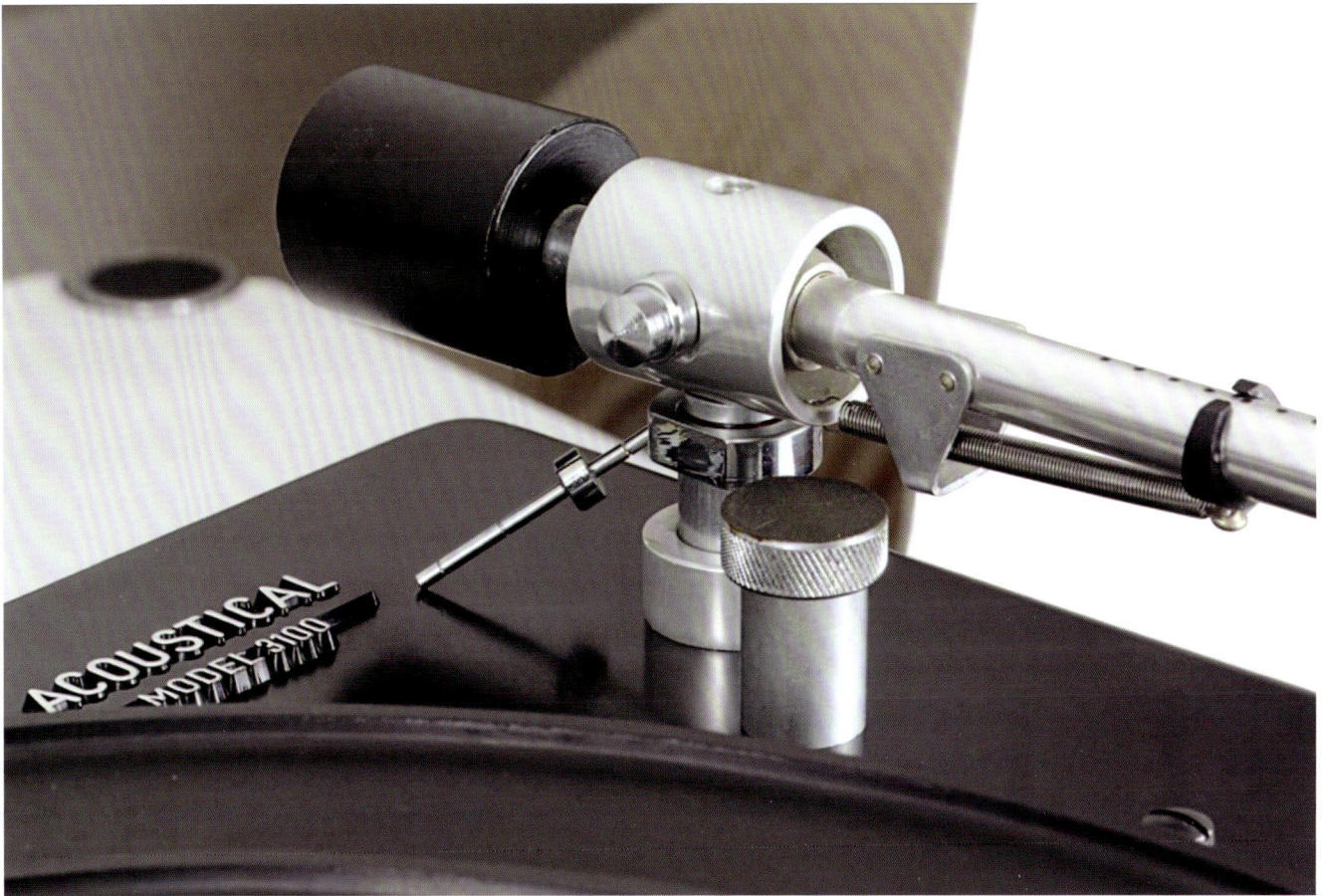

2.3

2.4

○○　　Ariston（阿里斯顿）

在20世纪60年代末和70年代初，苏格兰是唱机创意的中心。领导者是哈米什·罗伯逊（Hamish Robertson），他创立了Ariston（阿里斯顿），并委托Castle Precision Engineering（城堡精密工程公司）制造RD11唱机。阿里斯顿声称这是一个简单的设计，但是这种谦虚掩盖了这款唱机的复杂性。9.5磅（4.3千克）重的唱盘由一个公司内部设计的24极同步电动机驱动，将抖晃率降低至令人印象深刻的0.004%，并将机械谐振噪声（rumble）降低至值得称赞的72dB。为了减少摩擦，精密单点主轴承安装在滚珠轴承上，同时使用减震系统实现唱臂和唱盘的隔离。滑动离合器功能进一步防止了皮带的损坏。由于Castle是杰克·蒂芬布伦（Jack Tiefenbrun）拥有的公司，而杰克·蒂芬布伦的儿子艾弗·蒂芬布伦（Ivor Tiefenbrun）在RD11推出后不久就创立了Linn，因此任何有关阿里斯顿根源的讨论都不可避免地会提到它为20世纪70年代初推出的Linn LP12唱机所奠定了基础[82]。

2.5　　RD11S 唱机，ARISTON（装有 SERIES Ⅲ 唱臂，SME），20世纪70年代

2.5

○○ **Fairchild（仙童）**

谢尔曼·费尔柴尔德（Sherman Fairchild）是一位有着发达的机械头脑的多面手企业家，他创立了自己的同名公司，在20世纪50年代和60年代推出了用于无线电和广播应用的录音设备。Fairchild 660（单声道）和670（立体声）限幅器被英国广播公司采用，使Fairchild迅速在专业音响领域站稳脚跟。此后，该公司甚至制造了自己的LP刻片车床。凭借这些技术，Fairchild毅然向市场推出了一款专业广播唱机：4124。此唱机的结构由重型钢制成，配有两条皮带和一个巨大的铝质唱盘，其磁滞同步电动机通过专用的支架隔离振动。唱机的速度采用电子控制，而当时的大多数唱机都是机械控制的。因此，4124广泛应用于广播演播室中，至今仍受到收藏家的追捧。

2.6　440 唱机，FAIRCHILD（装有PRITCHARD唱臂，AUDIO DYNAMICS CORPORATION），1960年

2.6

○○　Braun（博朗）

　　Braun将它独特的外形设计延续到20世纪60年代，并对十年前的唱机型号进行重大的工程改进。立体声的引入以及专业和广播级唱机的需求促使博朗更新其产品系列。PS 2是20世纪50年代流行的最后一款体积较小、较轻的Braun唱片播放机。该公司于1961年为其PCS 4生产了更大的底座和唱盘，以及重新设计的唱臂，并在1968年对PS 500进行了更重大的改动，在模铸的实心锌质副底盘上配备了悬浮唱盘，带有液压阻尼。博朗循迹测力计让使用者可精确调整电唱机唱针的循迹力。

2.7	PCS 4 唱片播放机，迪特尔·拉姆斯，BRAUN，1961年
2.8 - 2.9	PS2 唱片播放机，迪特尔·拉姆斯，BRAUN，1963年

2.7

2.8

2.9

2.10 循迹测力计，迪特尔·拉姆斯，BRAUN，1962年 [对页]

2.11 PCS 5 唱片播放机，迪特尔·拉姆斯，BRAUN，1962年

2.12 PS 500 唱片播放机，迪特尔·拉姆斯，BRAUN，1968年

2.11

2.12

○○　Dual（雕傲）

这家德国公司成立于1927年，因其开创性的双模电源而得名。到了20世纪60年代，Dual（雕傲，刁佬）已成为一家成熟的唱机企业，它于1965年推出的标志性的1019型号，巩固了它的市场地位。在20世纪70年代，Dual因向市场提供多种多样的驱动机制而闻名，但是在60年代该公司更偏爱惰轮驱动，并选择在扭矩特别高的1019中应用它。78转唱片爱好者被1019的高扭矩所吸引，许多人找到这种型号的机器进行了细致的修复。

2.13 - 2.16 　　1019 唱机，DUAL，1965年

2.13

2.14

2.15

2.16

○○　**Electroacustic GmbH（ELAC，意力）**

　　德国品牌ELAC（意力）也称作Miracord，在20世纪60年代非常受欢迎，其机器由Benjamin Electronic Sound Corporation（本杰明电声公司）在美国积极分销，并更名为Benjamin Miracord。1957年，意力获得了电磁唱头专利，让它一举成名，使该公司能够在全球范围内向舒尔等音频企业授权该唱头设计。ELAC的技术还推动了动磁（MM）唱头的发展。20世纪60年代，ELAC将注意力转向惰轮驱动唱机，推出了Miracord 10和10H等型号。Miracord 10可以灵活地用作唱片更换器、自动唱机、手动唱机或具有4种速度的重复播放唱机（repeating turntable）。ELAC品牌一直延续至今，近年Miracord系列唱机重新发布，证明了该品牌的传奇地位。

2.17	BENJAMIN MIRACORD 10H 唱机，ELAC，20世纪60年代
2.18	MIRAPHON 12 便携式唱片播放机，ELAC，约1959年[对页]

2.17

○○　Empire（帝国）

对20世纪60年代的皮带驱动浪潮的另一个贡献来自赫伯·霍洛维茨（Herb Horowitz）的Empire（帝国）品牌。该公司以其Troubador系列唱机而闻名，其398唱机和980唱臂盛行于模拟圈。398采用独立平衡的唱盘和精密磨削的轴承，并配有Papst电动机，可提供公差极低的参数。在视觉表现上，Empire唱机相当有吸引力，可以选择缎面镀铬、银色阳极氧化铝或金色阳极氧化的表面装饰。980唱臂质量相当大，配有滚珠轴承并用弹簧平衡唱臂，可实现准确、平稳的循迹。

2.19	TROUBADOR 398唱机及980唱臂，EMPIRE，约1963年
2.20 - 2.21	TROUBADOR 598 Ⅱ 唱机及990 唱臂，EMPIRE，1972年

2.19

2.20

2.21

○○　Garrard（杰拉德）

　　Garrard（杰拉德）的301唱机于1952年推出，持续生产了12年，之后公司决定在1964年发布401来升级它。Garrard聘请工业设计师埃里克·马歇尔（Eric Marshall）设计401，同时保留了301独特的专业特征。机械方面，401与301有所不同。它采用了新设计的唱盘、新的频闪观测器、更坚固的涡流制动器以及更合理的电源线布置。401与301在扭矩方面类似，均得益于其大型电动机和坚固轴承。301和401均已成为收藏家的首选。日本Shin-do Labs（新藤实验室）和美国Artisan Fidelity（工匠传真）对它们进行了精心的修复工作。

| 2.22 | 401唱机，GARRARD（装有3009唱臂，SME），1965年 |
| 2.23 - 2.24 | 401 STATEMENT 唱机，GARRARD，由ARTISAN FIDELITY修复并升级，2018年 |

2.22

2.23

2.24

○○   Transcriptors

对于唱机来说,在发烧友或业余爱好者圈子中站稳脚跟是一回事,而超越极客圈子成为工业设计的文化标志又是另一回事。Transcriptors的Hydraulic Reference(液压参考)唱机曾在斯坦利·库布里克(Stanley Kubrick)1971年的电影《发条橙》中被推荐。库布里克亲自选择了唱机,让它与演员马尔科姆·麦克道威尔(扮演亚历克斯)一起出镜,聆听贝多芬的唱片[83]。Transcriptors是一家英国公司,由反传统人士大卫·加蒙(David Gammon)和安东尼·加蒙(Anthony Gammon)创立于1960年,创立后立即因其未来主义和前卫的设计而受到赞誉,也因此在纽约现代艺术博物馆展出。毫无疑问,Transcriptors唱机的设计是优雅的,也有实质内容:轻质唱臂、精密轴承、先进的电动机隔离和弹簧悬挂,所有这些结合在一起提供了卓越的性能。液压元件是指隐藏在唱盘下方的一个简单而巧妙的桨,桨浸在硅脂中,充当减慢速度的机构。接地是通过沉重的镀金圆柱体进行的,这创造了一种独特且永恒的设计。Transcriptors设计了自己的单轴唱臂,但其唱机通常与SME唱臂配合。到了20世纪70年代,公司更名为J.A. Michell,并继续扩大其产品范围。Michell目前正在生产其经典的Gyro-Dec的新版本,大量继承了该公司20世纪60年代的设计理念基因和传统。

2.25   HYDRAULIC REFERENCE 唱机,大卫·加蒙,TRANSCRIPTORS,1964年

2.25

○○　Teppaz

　　并非所有20世纪60年代的唱机都局限于专业级和广播级设计的严格范畴。许多制造商专注于设计新颖且便携的唱片播放机，吸引了青少年和想要随时随地享受音乐的人。20世纪50年代，许多公司开辟了这一领域，但没有一家公司像Teppaz那样做得如此迷人。Teppaz成立于法国里昂附近的克拉波讷，因其Oscar唱片播放机而闻名。这款便携式法国瑰宝融合了现代主义和美好时代（Belle Époque）风格，推出后立即受到主流受众的青睐，最终成为设计界的经典收藏品。

2.26　OSCAR 便携式唱片播放机，TEPPAZ，1963年

2.26

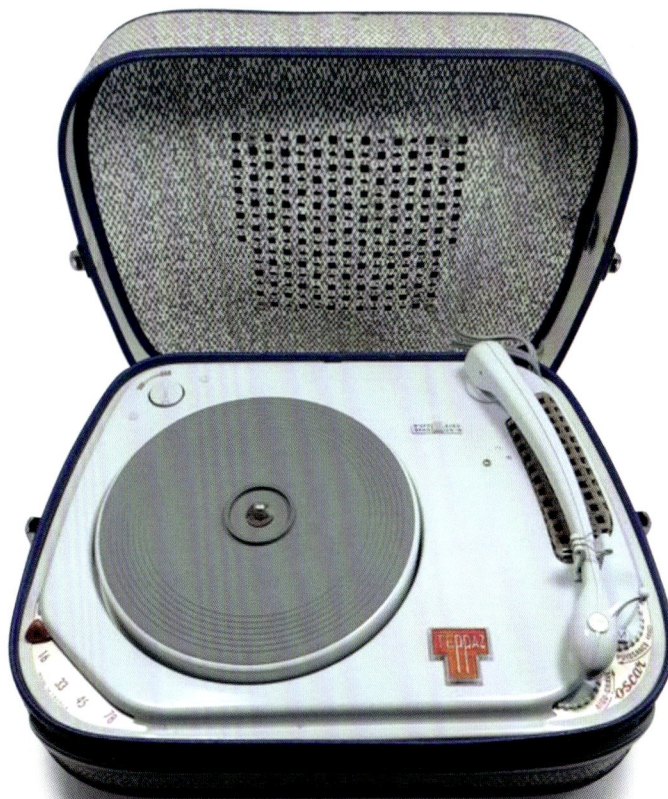

2.27

2.28

2.29
2.30

○○　Thorens

　　很少有唱机可以与备受尊敬的Thorens（多能士）TD 124的传承与遗产相媲美（首字母缩写"TD"代表"tourne disque"，即法语中的"唱片转动者"）。在20世纪50年代凭借TD 124确立了领先地位之后，Thorens在20世纪60年代中期发布MKⅡ版本。最重要的改进包括：更现代的框架、非磁性设计的唱盘（支持动圈唱头）和更致密的环形唱片垫。Thorens进一步为MKⅡ设计了一款新唱臂TP 14，用它取代了旧的BTD-12 S唱臂。相比之下，Thorens TD 124 MK Ⅱ优于Garrard 301和401，跻身经典唱机设计的顶级行列[84]。甚至Bang & Olufsen自有品牌的Beogram 3000型号也借鉴了124的设计。如今，许多TD 124 MKⅡ型号的唱机被一些专业公司精心修复，如瑞士的Swissonor & Schopper和美国的Woodsong Audio等。

2.31	BEOGRAM 3000 唱机，BANG & OLUFSEN（装有 TD 124 MKⅡ 电动机单元，THORENS），1967年
2.32	TD 124 MKⅡ 唱机，THORENS（装有 RMG-212 唱臂，ORTOFON），1966年
2.33	TD 124 STATEMENT唱机，THORENS，由ARTISAN FIDELITY修复并升级，2017年

2.31

2.32

2.33

○○　Grace（格雷士）

在日本，精密唱臂工艺流派迅速发展。日本对唱臂设计的卓越贡献不可低估。最早的先驱之一是Shinagawa Musen Company（品川无线公司）生产的Grace（格雷士）唱臂。Grace唱臂当时经常出现在各种各样的Garrard或Lenco唱机上，因其重量轻、静态平衡特性和可调节的唱针压力而备受推崇。G-545是20世纪60年代广受好评的型号，可以说是后来许多优质日本唱臂的先驱。

2.34 - 2.35　　G-545 唱臂，GRACE，20世纪60年代

2.34

2.35

○○   Scale Model Equipment Company（SME）

Scale Model Equipment Company（比例模型设备公司）由阿拉斯泰尔·罗伯逊-艾克曼（Alastair Robertson-Aikman）于1946年创立，最初与音响组件无关，成立初衷是为比例模型设计精密零件。艾克曼在成功地自制一支供自己使用的唱臂之后，决定将公司的事业重点转向唱臂制造。该公司于1959年开始生产唱臂，并更名为SME Limited，每周可生产25支唱臂，每个唱臂均由精心制作的零部件组成。到了20世纪60年代，SME将产品线扩展至9英寸（22.3厘米）3009唱臂和12英寸（30.5厘米）3012唱臂，这两款产品被High-End发烧友和广播行业广泛使用。3009和3012采用精密加工的钢管、轻质唱头壳、通过弦索实现的防滑补偿以及高等级公差卧式轴承，在推出数年后成为经典和行业标准。后续的SME唱臂具有一些与3009和3012前辈相同的特征，在接下来的几十年内持续生产。

2.36	3009 唱臂，SME，20世纪60年代
2.37	3012 唱臂，SME，20世纪60年代

2.36

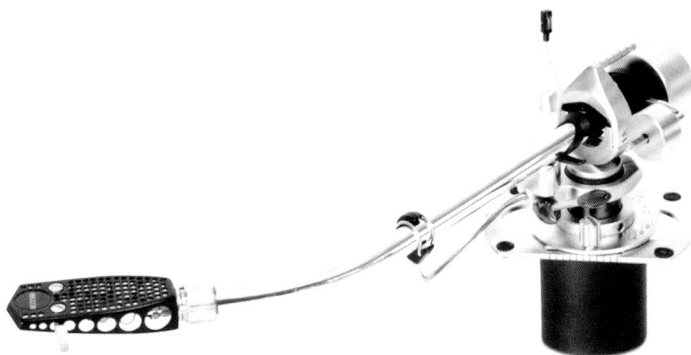

2.37

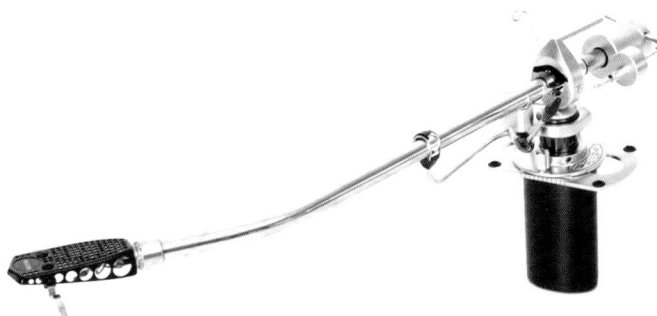

20世纪70年代

○○　Hi-End唱机及唱臂的诞生

到了20世纪70年代，唱机的发展出现两种不同的路线，并确定未来数十年的市场主题。一方面，一种新的潮流浮出水面，将音响提升到一个稀有、昂贵的层面。不同于十年前坦克般坚固的广播级和专业级唱机，20世纪70年代的产品脱离了过去的工业感，青睐较小但技术上更集成的形式。如Audio Research、Dahlquist（达尔奎斯特）、Infiniti（燕飞利仕）、Nakamichi（中道）、Mark Levinson（马克莱文森）、Quad（国都）和Threshold（精神）等公司实际上催生了音响组件市场的奢侈品细分市场。另一方面，在亚洲出现了相反的发展方向，出现了大量批量生产的廉价出口产品，涌入全球市场，使大多数消费者买得起唱机。

与High-End电子产品和扬声器公司同时发展的是一个新生且蓬勃发展的唱机世界。有一款唱机引领潮流并开创了这个时代：艾弗·蒂芬布伦的Linn（莲）Sondek LP12。令人惊讶的是，LP12在设计上既不够新颖，也没有实质上的开创性，似乎不足以成为潮流的掌舵者。Linn LP12与Ariston RD11（由蒂芬布伦的父亲在他的工程公司制造）、Acoustic Research XA以及Thorens TD 150非常相似，它和这些唱机都具有弹簧加载的悬挂副底盘、木质底座和皮带驱动的唱盘。Linn的独特之处在于其单点轴承、零件和整体的精密加工。这自然是因为蒂芬布伦可以得到其父亲公司的支持，为Linn提供了决定性的优势。蒂芬布伦以传教士般的热情和信念带领Linn，让Linn凭借多年来不断增长的忠实粉丝群体赢得了狂热的声誉。然而，尽管LP12取得了成功，它也不是没有争议，主要是因为它与上述唱机（尤其是Ariston）有相似之处。但随着时间的推移，Linn摆脱了这类批评，它的LP12成为唱机设计、制作和寿命方面最著名的标志之一。

虽然20世纪70年代的亚洲侧重于大众市场的唱机设计，但日本的Micro Seiki（美歌）凭借自有品牌的产品从主流中脱颖而出，同时也成为Luxman（力仕）、Denon（天龙）、Sharp（夏普）、Sansui（山水）等日本品牌的原始设备制造商。美歌帮助日本一跃进入High-End领域，并帮助引领了20世纪80年代尖端的Nakamichi（中道）唱机和21世纪初最先进的TechDAS唱机的发展。

丹麦的Bang & Olufsen（B&O）在20世纪60年代大量借鉴了Thorens TD 124，最终在20世纪70年代凭借其专有的唱机设计脱颖而出，使该公司成为一家杰出的、自成一格的音响设计公司。B&O采用先进的液压机构、线性循迹唱臂和尖端的伺服电路，将精湛的机械技术与现代主义美学相结合。这一深刻的转变在其开创性的Beogram 4000唱机上得到了体现，这款唱机完全值得该公司在2020年重新推出。

在瑞士，威利·斯图德（Willi Studer）的品牌Revox（瑞华士）成为家用领域专业和录音室品质的代名词。随着Studer（斯图特）和Revox品牌成为磁带技术，尤其是开盘机的首要代表，该公司在20世纪70年代通过先进的直接驱动和线性循迹唱机B790扩展了它的产品线。秉承20世纪70年代的小型专业级的唱机主题，录音室级的Revox唱机保持了适度的市场规模，回避了20世纪60年代的坚固的重型广播唱机。

○○ 唱臂的演化

唱臂看起来似乎很简单，很容易被误以为只是一根细杆，上面装着一个复杂得多的唱头，用一根复杂的唱针在唱片上移动，直到到达中央标签。但到了20世纪70年代，唱头演变为"高顺性"，这意味着它们的唱针变得非常灵活，需要更轻的唱臂才能正确循迹。之前数十年间使用的重型唱臂会轻而易举地把这些新式唱针戳入声槽中。由于行业转向高顺性唱头，20世纪70年代的唱臂也随之采用了小质量设计，以新的理念解决了循迹精度和稳定性问题。市场上涌现了许多种唱臂类型和设计方法，旋转式S形臂越来越受欢迎，直臂和线性循迹臂也日益流行。

对于任何类型的唱臂的基本要求都是始终保持稳定且一致的向下的力。这种平衡通常是通过可调节的配重来实现的，配重可以稳定循迹力，使重心保持在声槽中。作为使唱臂保持居中的补充，并提供适当的下压力，引入了额外的调节功能：防滑机制。当唱针在唱片上循迹时，摩擦阻力是不可避免的，容易使唱针偏离并向内侧声槽倾斜，从而产生不平衡。防滑装置确保唱针对声槽两侧的压力保持相等。随着20世纪70年代防滑臂的推出，提高的可调节性允许对当时的高顺性唱头进行微调。

此外，唱臂必须在唱片上沿直线移动，并保持唱头与声槽相切的正确角度。但直线循迹有个难题，唱臂在枢轴上旋转时，其移动致轨迹呈曲线。当唱头的角度偏离真正的相切时，就会出现循迹误差，从而导致失真和音质下降。在20世纪70年代，这个特殊问题受到了极大的关注，推动了线性循迹唱臂的研究与开发。稍微简单、直接一点地表述这个概念：线性臂试图通过在唱片表面上沿径向直线移动唱针来减少循迹误差，这种移动方式与最初刻片的方式并无二致，摒弃旋转臂的弧形轨迹以得到一个一致的方向。

尽管Ortho-Sonic和Burne Jones公司在20世纪50年代就探索了解决这种循迹误差的方法，但线性循迹臂在20世纪70年代才令人信服地出现在市场上（一个例外是1963年的马兰士SLT-12）。引领这一更新的是Rabco（拉布科）生产的唱臂，它可能是最成功的，特别是从它对后来的伺服驱动线性循迹设计的影响来判断，如20世纪80年代和90年代的Goldmund T3和T5以及Pierre Lurné k唱臂。Harman Kardon（哈曼卡顿）显然看到了线性循迹臂的优势，它收购了Rabco并发布了ST-5、ST-6、ST-7和ST-8，所有这些型号都配备了线性臂。Garrard按照自己对这种方法的理解推出了Zero型号。Lenco的努力催生了不太知名的Sweeper，但它的瑞士竞争对手Revox（瑞华士）推出了更为成功的B790、B791和B795，这些型号全部采用正切臂。事实证明，B&O也是一个强有力的倡导者，它以Acoustical 1963年的正切臂为基础，最终于1974年推出了Beogram 4000。

○○ 向晶体管与多轨转变

在那之前的20年，即20世纪50年代，广播电台已经用晶体管设备取代了它们基于电子管的设备。但录音设备向晶体管过渡的步伐较为缓慢，直到20世纪70年代初，晶体管设备才最终出现在录音室中。这种转变主要是由于多轨录音的发展势头，当时16轨和24轨稳步成为标准。这种转变过程是迅速的：就在几年前的1968年，披头士乐队在歌曲 *While My Guitar Gently Weeps*《当我的吉他轻轻吟鸣》制作中冒险使用了八轨录音[85]。这张唱片为该行业开了先河，将来可以使用的声轨数量没有上限。

多轨录音的固有特点是能够扩展创作的可能性，允许不断地实验、分层和修正。但随着录音顺序的重排，保真度也随之下降，偏离了20世纪50年代以来兴起的纯正高保真运动。格雷格·米尔纳（Greg Milner）说："晶体管确实是录制音乐与魔鬼相遇的十字路口，它带来了便利和灵活性，代价是……这还不太清楚，但在他们的艰难时刻，一些工程师会说'灵魂'。[86]"

随着行业向晶体管的便利性转变，多轨录音声音较差的另一个原因也随之而来：仅2英寸（5.1厘米）宽的磁带造成每条声轨的压缩。当声轨数量从16个增加到24个时，带宽损失尤为明显。尽管LP的声音保真度成为牺牲品，但LP的销售并未受到影响，这让行业看到了一个决定性转折点，即便利性和批量生产音乐。相反，唱机和唱臂设计越来越复杂和多样化，在某种程度上忽视了市场现实，这首次表明它与录音室中发生的事情脱节了。

这些因素的合力将产生持久的影响，导致模拟文化衰落并最终屈服于正逐渐逼近的光盘（CD）形式。凭借他们的数字灵丹妙药CD，飞利浦和索尼渴望翻过模拟时代的一页。在更好的声音及便利性的营销承诺支持下，消费者欣然接受了音乐录制的下一个媒介，告别了长达一百年的模拟文化和审美主义。

○○　　Akai（雅佳）

Akai Electric Company（赤井电气公司，雅佳）由赤井益吉（Masu-kichi Akai）创立于1929年，当时是一家无线电元件和电子产品制造商，到20世纪40年代末，转型制造留声机电动机[87]。主要凭借其开盘磁带录音机，赤井电气公司在磁带技术领域取得了突出地位，并将一些技术应用于唱机设计。20世纪70年代，该公司向市场推出了直接驱动和皮带驱动型号，其中全自动直驱式AP-307展示了Akai的前瞻性设计智慧与技术能力。

3.1	AP-307唱机，AKAI，约1978年
3.2	AP-004X唱机，AKAI，1973年

3.1

3.2

○○　Bang & Olufsen（B&O）

作为一家在技术与现代主义形式之间取得平衡的音响制造商，B&O堪称独一无二，创造了一系列从未偏离独特的丹麦设计的消费音频产品。20世纪70年代，它的新唱机系列被命名为Beogram。B&O摆脱了对Thorens TD 124的依赖（它在20世纪60年代的型号基本上是鹦鹉学舌）。凭借雅各布·延森（Jacob Jensen）设计的并于1972年发布的Beogram 4000，B&O展示了完全独特的设计理念。Beogram 4000采用了电子正切臂，并配有检测臂，这款唱臂成为未来Beogram型号的首选唱臂。B&O后来的Beogram 6000和7000型号延续了20年不变的设计理念，与4000具有相同的设计DNA。作为模拟设计的开创性范例，1972年的Beogram 4000和1974年的Beogram 6000均被纽约现代艺术博物馆收藏[88]。基于其传统以及最近的模拟复兴趋势，B&O在2020年以限量版的形式重新推出了Beogram 4000系列唱机。

3.3

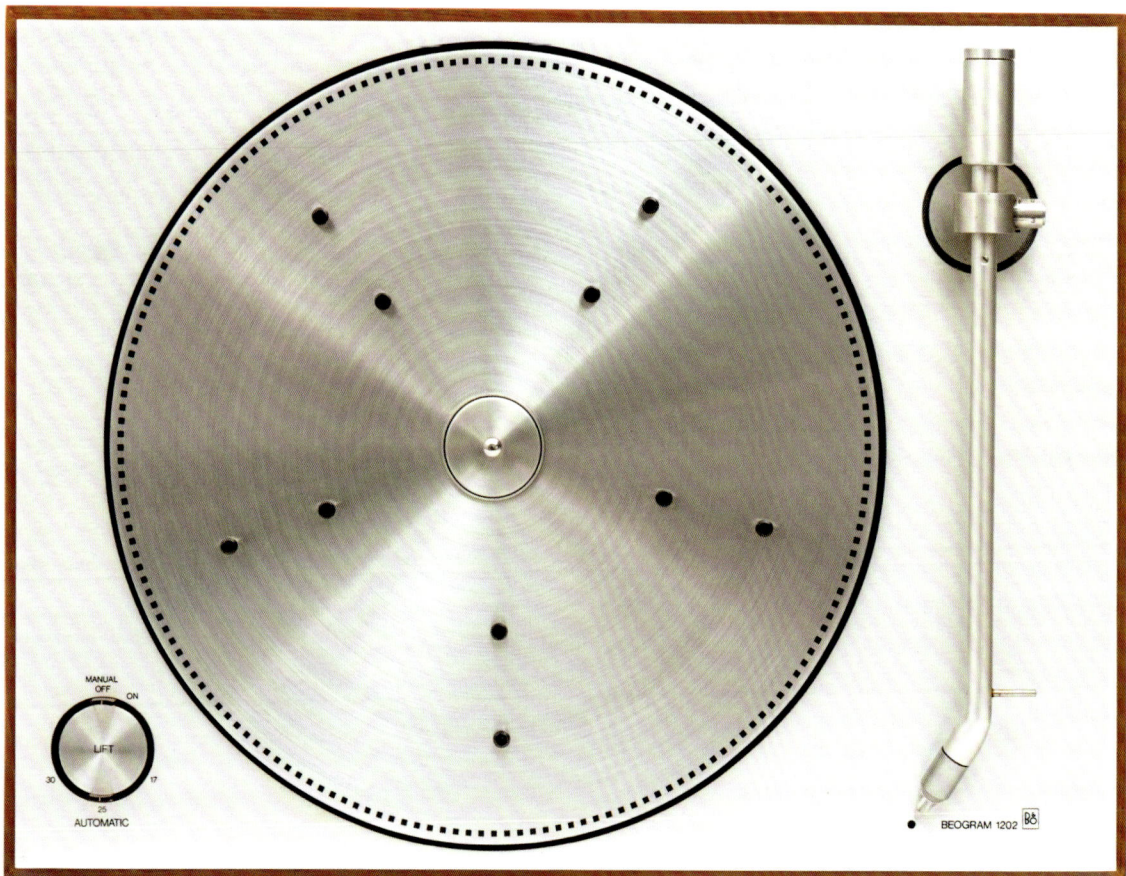

3.4

3.5

3.6

3.7

○○　DENON（天龙）

　　从历史地位的角度来看，DENON（天龙）是日本的杰出先驱。日本丰富的模拟文化很大程度上源自DENON的早期贡献，尤其是1910年第一台日本留声机[89]。由于与日本哥伦比亚（Nippon Columbia）的密切联系，天龙最初将资源集中于广播和专业领域。但随着1964年DL-103动圈唱头的推出，它转向消费市场。DL-103已持续生产超过56年，在黑胶唱片收藏家中享有传奇地位[90]。DENON进军广播级唱机（例如DN-302F），为其20世纪70年代的商业唱机奠定了基础，例如DP-5000和DP-3000。这些唱机都配备独立的交流电动机直接驱动系统，一旦按下速度按钮，就可以立即获得正确的转速[91]。DENON后来推出了唱臂和染色华丽的木质底座，这使得它的唱机设计不同于20世纪70年代大多数大众市场的日本唱机。

3.8　　DP-3000 唱机，DENON，1972年

3.8

○○　Dual

　　德国Dual在20世纪60年代特别注重惰轮驱动机制，并通过1000系列（尤其是最引人注目的1019）巩固了声誉，令人惊讶的是，该公司在20世纪70年代转向了直接驱动技术。CS 704和CS 731Q型号体现了这种变化，后者融入了石英锁相技术，暗示着日本直驱型进口产品的影响力日趋强大，以及Dual对这类驱动机制的最终屈服。

| 3.9 | CS 704唱机，DUAL，1976年 |
| 3.10 | CS 721唱机，DUAL，1976年 |

3.9

3.10

○○　Dunlop（邓洛普）

　　说起苏格兰对唱机设计的贡献，得到最多关注的是Linn。而彼得·邓洛普（Peter Dunlop）创立的另一家苏格兰企业在刚进入市场时底子略薄，但显然并不缺乏创新或模拟技术能力。Dunlop的Systemdek唱机采用皮带驱动机制、三点弹簧悬挂、独特的带阻尼器三层隔离底座、Airpax 24极电动机，以及带滚珠轴承和油泵的3/8英寸（10毫米）主轴。Systemdek于1979年推出，后经历了各种变化和迭代，但其圆柱体形状保持不变，这一特点后来被多个唱机品牌模仿。

3.11　SYSTEMDEK II 唱机，DUNLOP，约1983年（此款，1985年）

3.11

○○　Goldring（戈德林）

Goldring（戈德林）最初于1906年在柏林成立，后来进入英国市场，成为早期的磁唱头制造商之一。到了20世纪50年代，它的唱头开始声名远扬，尤其是其早期的动圈版本。它在唱机领域最受欢迎的尝试是与Lenco合作开发的L75，即Goldring品牌的GL75。GL75通过采用锥形主轴、动态平衡唱臂和刀刃轴承实现无级可调速机制。尽管这款唱机广受欢迎并备受赞誉，但Goldring后来将重心完全转向了唱头设计。

3.12　GL75唱机，GOLDRING与LENCO，1967年

3.12

○○　Electrohome

　　20世纪70年代初，有太多的品牌沉迷于太空时代和科幻未来主义。Electrohome将这些主题融入其Apollo系列唱片播放机的设计中。Electrohome是一家1907年成立的知名加拿大消费电子品牌。凭借其烟熏色亚克力圆顶和配套音箱，Apollo成为20世纪70年代太空时代冒险主题最具代表性的品牌之一。

3.13

3.14

○○　Europhon

　　这家高度时尚化的消费电子产品制造商于1949年在米兰成立，将意大利风格融入其收音机、电视机和唱机中。另一家可以与之相提并论的是意大利公司Olivetti，该公司为其打字机注入了类似的时尚工业设计优势。Europhon的产品大胆使用绚丽的色彩，常常采用塑料外壳和精致表盘。其20世纪70年代的Autunno唱机配有集成扬声器，展现了Europhon对许多注重设计的消费者的吸引力。

3.15－3.16　AUTUNNO唱机，EUROPHON，20世纪70年代 [下方以及对页]

3.15

○○ **Japan Victor Company（JVC）**

　　与天龙和日本哥伦比亚类似，JVC在日本主要音响公司的排名中保持着很高的位次。JVC成立于1927年，在多个领域都声名鹊起，最著名的是20世纪70年代的消费类录像机VHS格式、专业录音领域的成就，以及1971年用于黑胶唱片的四通道四声道分立系统。尽管JVC的高保真产品可能不太著名，但它对20世纪70年代唱机设计的贡献相当重要。1974年，JVC推出了世界上第一台石英锁相唱机，避免了许多与唱盘速度校正相关的变量所产生的误差。该公司20世纪70年代的QL和JL系列唱机提供直接驱动和皮带驱动系统，结合了它的万向节支撑的唱臂，可以灵活调整。JVC革命性的石英锁相技术被无数日本唱机采用，充分证明了它对模拟文化的深远影响。

3.17

3.17 QL-7唱机，JVC，1977年

3.18 JL-A40唱机，JVC，约1977年

3.19 QL-F4唱机，JVC，约1979年

3.18

3.19

○○　Kenwood（建伍）

　　另一家出现于20世纪70年代的日本高保真制造商是Kenwood（建伍）。它成立于1946年，最初主要生产无线电设备，后来成为多种流行高保真设备的生产商。该公司在唱机设计领域的巅峰之作是20世纪70年代的KD系列，其中最重要的型号是KD-500，因其聚合物水泥树脂底座而被称为"石头"。建伍对惰性和无共振底座的重视影响了Sharp（夏普）1975年的Optonica型号，以及后来的多种石材设计，例如J. C. Verdier的La Platine、Jadis的Thalie和Well Tempered Lab的多个型号。

3.20	KD-5077唱机，KENWOOD，约1979年
3.21 - 3.22	KD-500唱机，KENWOOD，1976年

3.20

3.21

3.22

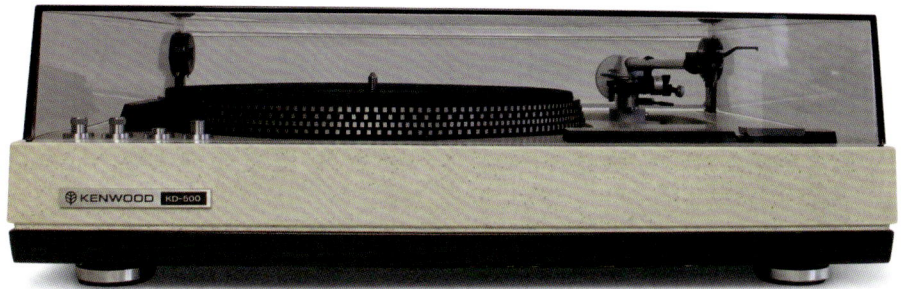

○○ Linn（莲）

正如前文所述，艾弗·蒂芬布伦的Linn Sondek LP12将High-End概念引入唱机设计[92]。LP12被认为是有史以来最具影响力和最重要的唱机之一，自1972年推出以来不断演进，同时保留了许多原始设计的特征，例如悬挂式副底盘、单点精密轴承和皮带驱动机制。在20世纪70年代，LP12经常搭配Grace 707、Sumiko 或 Mission唱臂使用，但Linn最终在1979年推出了自己的唱臂Ittok LV II，随后又推出了Ekos和Akito唱臂。Naim公司创造了Aro单轴唱臂，在LP12上非常受欢迎。无论LP12以何种形式配备，包括几十年来的多次电源升级（如Valhalla和Lingo电源系统）和调整，"无法想象没有LP12的High-End行业"[93]。

3.23 SONDEK LP12唱机，LINN，1973年

3.23

○○　Rabco

　　Rabco（拉布科）从Ortho-Sonic和Burne Jones手中接过线性循迹的火炬，成为20世纪70年代倡导正切循迹的最杰出的企业。这种循迹方法的核心在于尽可能接近地模仿唱片最初的刻片方式。在刻片的时候，切割钻石自始至终保持90°。正切播放唱臂尝试以同样的90°方式循迹这些声槽，从而减少循迹误差。Rabco的SL-8和SL-8E唱臂代表了当时最受欢迎的线性循迹臂，因为它们集成了控制横向运动的伺服电动机和提臂机制。看到Rabco越来越受欢迎，Harman Kardon（哈曼·卡顿）在20世纪70年代初收购了该公司并发布了ST-7唱机。最著名的可以与Rabco唱臂相媲美的产品是10年后由瑞士Goldmund和Pierre Lurné设计的皮带驱动T3和T5伺服臂。

| 3.24 | ST-7唱机，HARMAN KARDON RABCO，1976年 |
| 3.25 | ST-4唱机，RABCO，约20世纪70年代 |

3.24

3.25

○○　Pioneer（先锋）

　　Pioneer（先锋）公司曾经处于日本高保真和视频出口设备的前沿。与其他在新千年逐渐衰落的主要日本品牌类似，先锋在20世纪70年代的唱机设计中展示了它真正的实力，但最终在20世纪80年代将其产品淡化为更主流的型号。它的PL系列唱机秉承了日本直接驱动传统，部分型号采用了石英锁相技术。其随附的唱臂融入了20世纪70年代出现的许多复杂功能，包括横向平衡、防滑机制、唱针压力指示器和油阻尼提臂。令人印象深刻的木质底座为先锋唱机提供了坚实的基础，进一步赋予该品牌卓越的声誉。

3.26

3.26　PL-71唱机，PIONEER，1974年

3.27　PL-530唱机，PIONEER，1976年

3.28　PL-570唱机，PIONEER，1976年

3.27

3.28

○○ Philips（飞利浦）

Philips（飞利浦）在20世纪50年代发布它以时尚为导向的彩虹系列唱机的时候，显然正在瞄准比较年轻的消费人群。飞利浦将同一主题延续至20世纪60年代和70年代，并扩展了其产品线，推出了万花筒般的颜色选择（例如815型号，配备了一系列音调控制装置），同时还具有电池供电的便携性。其中最著名的是支持多种速度的113型号。到20世纪80年代，飞利浦别样的调色板逐渐消失，取而代之的是更沉稳冷峻的铝饰面。

3.29

3.30

3.31

PHILIPS

PHILIPS

○○　Revox（瑞华士）

　　很少有Hi-Fi公司能够与瑞士著名的Revox（瑞华士）的工程血统相媲美。在磁带技术、录音和开盘机领域，Revox及其专业分支Studer除了提供家用Hi-Fi设备外，还为录音室提供产品，表现出色。在购买瑞华士产品时，消费者心照不宣，他们购买的是与专业级别相去不远的音响设备，这带来了一种正规且经过认证的感觉。Revox的掌舵者是威利·斯图德，他是公司的创始人和富有远见的领导者。也许是因为其专业背景，Revox设计了一款基于线性循迹技术的唱机；在20世纪70年代，公司推出了B790，随后又推出B795。这些复杂的型号采用石英控制的直接驱动机构和伺服控制的线性循迹唱臂。Revox委托耳机专家AKG为该唱机提供动磁唱头MDR20。20世纪70年代Revox唱机的B系列是外观简约但功能强大的瑞士设计的典范。

3.32	B790唱机，REVOX，1977年
3.33 – 3.34	B795唱机，REVOX，1979年

3.32

3.33

3.34

○○　Sharp（夏普）

　　Sharp（夏普）品牌通常与20世纪80年代的计算器和打印机联系在一起，很少出现在模拟音响商店中。但它在20世纪70年代的Optonica RP-3500和RP-3636完全值得一提，尽管这是该公司在High-End唱机设计领域为数不多的正式尝试。与其他外包生产的日本品牌不同，夏普在公司内部设计并制造了这些型号。由于采用复合材料和花岗岩底座，这些直驱型号重达35磅（15.9千克）。这些唱机配有镁合金S形唱臂，对当时的日本设计做出了巨大贡献，至今仍得到收藏家的青睐[94]。

3.35　OPTONICA RP-3500唱机，SHARP，约1975年

3.35

○○　　Thorens（多能士）

　　20世纪70年代，Thorens（多能士）的惰轮驱动的TD 124和TD 124MKⅡ唱机已准备退役。广播级的角色设定将被抛弃，取而代之的是现在由Acoustic Research和Linn倡导的悬挂式设计。1972年，多能士发布了TD 160，这款唱机有长达近20年的生产寿命。它采用了皮带驱动机制和带有3个可调节弹簧的悬浮副底盘。通过弹簧底盘设计，唱臂与唱盘形成独立悬浮系统，与底座实现物理隔离。1972年，多能士升级了其皮带驱动和三点悬挂的TD 125型号，主要采用了新的四点万向节TP16唱臂和重新定制的振荡器电动机控制电路，以提高速度稳定性。20世纪70年代发布了一些其他新型号，包括TD 104、TD 105、TD 110、TD 115、TD 126、TD 145、TD 165和TD 166，以及TP62 Isotrack等唱臂。其中一些型号与TD 124一样获得了坚定的当代追随者。

3.36　TD 124 MK I 唱机，THORENS（3009唱臂，SME），20世纪70年代初（由BERLINN VINTAGE TURNTABLES修复并升级，约2021年）

3.37　TD 125 MK II 唱机，THORENS，由ARTISAN FIDELITY修复并升级，2013年

3.36

3.37

○○　Ortofon（高度风）

　　这家传奇的丹麦公司在20世纪50年代建立的SPU（立体声拾音器）模拟设计基础上继续发展。到了20世纪70年代，高度风推出了带有创新可调节磁性防滑装置的AS-212 S形唱臂。它可安装5至12克的唱头，非常适合20世纪70年代盛行的现代动圈（MC）唱头。但真正巩固了高度风作为首屈一指的唱头制造商地位的却是该公司的MC20。MC20由中冢久义（Hisayoshi Na-katsuka）设计，是一种需要升压变压器的低输出型唱头，该公司也提供升压变压器（中冢在21世纪初以他自己的唱头品牌ZYX重出江湖）。10年后，高度风再次调整其产品策略，其产品经常在20世纪80年代DJ俱乐部场景中，与Technics直驱唱机一起出现。

| 3.38 | MC 20 MKⅡ 唱头，ORTOFON，1976年 |
| 3.39 | CONCORDE MC 200 唱头，ORTOFON，1979年 |

3.38

3.39

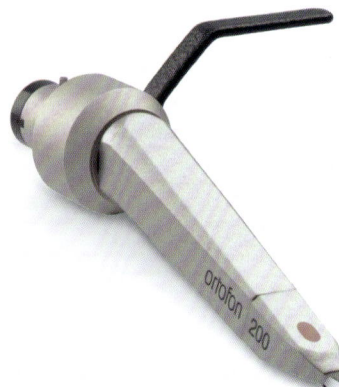

○○　Supex

　　日本的唱头历史蕴含着一种手工传统遗产，这在西方仍未受到挑战。这并不是说Grado、Shure、Ortofon甚至Jan Allaerts的各种唱头没有他们自己的传奇传统。然而，当谈到菅野义信（Yoshiaki Sugano）的传奇时，从某种意义上说，工匠DNA成为一种与生俱来的能力。他是Supex的主要唱头和后来他自己的Koetsu（光悦）设计背后的原动力。他在20世纪70年代设计的SD-900和SD-909MC唱头强调最高纯度的金属，尤其是线圈中的铜。线圈的橡胶阻尼经过特意老化处理，以确保长期稳定性。菅野还使用了特制的铈钴磁铁和精细抛光的椭圆形唱针。Supex受到非常高的评价，以至于Linn也将其唱头设计外包给了该公司。在20世纪80年代，菅野离开了Supex，创立了Koetsu（光悦）品牌。

| 3.40 | SD-909 MC唱头，菅野义信，SUPEX，约20世纪70年代 |
| 3.41 | SD-900 MC唱头，菅野义信，SUPEX，约20世纪70年代 |

3.40

3.41

20世纪80年代及90年代

○○　崩溃中的美丽

　　人们很容易简单地忽略这20年，痛苦地将它们描述为模拟音乐消亡的历史时期。那些讨论将会反刍关于光盘（CD）的崛起以及它最终征服黑胶唱片的老套的统计数据，而读者可能已经熟悉飞利浦和索尼对"永远完美的声音"那充满暗示却虚幻的承诺。在这些公司营销团队的推动下，CD的优越性逐渐被渴望兑现承诺的消费者所接受。但令人惊讶的是，这个年代给模拟文化带来了积极的结果，尽管模拟文化并不拥有拒绝虚假承诺的保护罩。

　　CD在这一时期近乎霸权的统治对唱机和模拟文化而言，意味着模拟录音技术与模拟播放的自然衰落。模拟技术的逐步消亡，作为替代者的CD技术在保真度上的缺陷，引发了强烈抵制。正如布莱恩·伊诺（Brian Eno）所言，"我讨厌CD只是长时间烦人地连续播放，而你却不再关心。[95]"因此，许多人得出结论，唱机的发展逐渐衰落的故事与20世纪初马车被汽车取代的故事并没有什么不同。然而，出乎意料的是，唱机不仅幸存下来，还达到了发展和演化的巅峰。到了20世纪80年代，留声机已经发展了一个世纪，并未突然停止。20世纪70年代后期，唱机、唱臂和唱头设计的发展达到了前所未有的成熟巅峰。而10年之后，High-End创新已趋于成熟，可以进行更极致的应用和设计。小规模的唱机产业应运而生，从主流的国内产品与廉价的亚洲进口产品中脱颖而出。

　　Marantz（马兰士）、Luxman（力仕）、Nakamichi（中道）、Sony（索尼）和Technics（松下）等日本老牌电子巨头在推出关键的模拟技术代表产品方面表现出色，其中Micro Seiki（美歌）以其极致的日本工艺处于领先地位。美国VPI公司位于新泽西州的工厂与托马斯·爱迪生最初的工厂相邻，使美国重新回到了模拟音响的版图上。瑞士的Goldmund（高文）继续Thorens和Revox的步伐，推出了Studio唱机、Reference唱机和受Rabco启发的T3正切臂。法国制造的La Platine Verdier热情洋溢地重新定义了20世纪70年代的日本石材底座，英国的老一代公司现在面临Maplenoll、MRM（及其Source唱机）、Pink Triangle和Roksan等新势力的挑战。瑞典公司Forsell凭借其Air Reference Tangential Air Bearing（空气参考级正切空气轴承）唱机加入极限设计的混战，且唱臂的设计达到了NASA级别的工程水平，而Eminent Technology（杰出技术）、Rockport Technologies（罗克技术）和Fidelity Research（传真研究）等公司的设计使它们摆脱了过去几十年实验性唱臂的局限。

　　至于标准的日本进口产品，给它们全部贴上主流平庸的典范的标签是不公平的。虽然大多数都是批量出售的脆弱的设备，但也不乏设计精良、操作起来很有趣的精品。在这个领域，爱华（Aiwa）、雅佳（Akai）、建伍（Kenwood）、山水（Sansui）和索尼（Sony）的唱机拥有纯粹的宇宙飞船控制台般的艺术，配有彩色灯光、轻触式按钮和全自动功能。

○○　唱头设计

20世纪50年代，压电晶体及陶瓷唱头被两种磁性唱头取代，即动磁（MM）和动圈（MC）。每种唱头都具有很高的顺性，20世纪70年代的唱臂设计适应了它们的轻巧且细致入微的循迹能力。20世纪80年代，MM唱头被归到中低保真度类别，而MC唱头则在High-End圈子中受到青睐。MM和MC唱头均由外壳、唱针、针杆、悬架、磁铁及线圈组成。唱针在循迹唱片的声槽调制方面发挥着微妙而关键的作用。它接收到的振动通过连接唱针的针杆传递至磁铁或线圈组件。随后，这些细微且极低电平的信号被发送到前置放大器，最终转换为可听见的声音。

与高阻抗的MM唱头相比，MC唱头具有相对较低的电感和阻抗。高阻抗会对相位响应和频率响应的线性度产生负面影响。虽然MC唱头通常具有较低的移动质量，但它的信号输出较低，需要较高的前置放大器增益，而这通常又以增加噪声为代价。哪种唱头类型可以提供卓越的保真度是一个古老的发烧友争论话题，纯粹是主观的，最好留给用户来决定。

比较确定的是20世纪80年代和90年代出现的MC唱头品牌的数量。日本在手工制作领域拥有很高程度的垄断地位，拥有Audio Technica（铁三角）、Denon（天龙）、Dynavector（动态矢量）、Kiseki（奇迹）、Koetsu（光悦）和Miyabi（雅）等品牌。而Ortofon、Goldring、Grado和Shure等行业大牌则继续扩展其产品。但新一代的唱头制造商在欧洲崛起，包括Benz Micro、Clearaudio、Van den Hul（VDH，范登豪）和Jan Allaerts。许多品牌延续至新世纪，随着模拟音频的复兴，更多的品牌将涌现出来。

○○　Technics SL-1200与模拟文化

尽管黑胶唱片在消费者中的主导地位让给了CD，但DJ文化却回避了由1和0组成的新媒介，并与黑胶唱片形成了神圣的关系。DJ们更喜欢20世纪70年代的Technics SL-1200唱机，因为它让他们可以对速度进行完全控制来混合唱片：当唱片在唱盘上被来回移动后，直驱唱机可以立即恢复到设定的速度（这种技术被称为搓碟）[96]。这台唱机的石英控制高扭矩电动机可通过搓碟和节奏混音实现理想的操作，而坚固的底座使其不受舞厅的共振和振动的影响。随着嘻哈、舞蹈和电子音乐场景拥抱SL-1200，这台唱机成为社会结构的一部分，实质上在青年文化中保留了黑胶唱片，并使它能够抵御数字音频的冲击。为了确定DJ对这台唱机的热爱的起源，历史学家喜欢引用"闪耀大师"（Grandmaster Flash）的唱片 *The Adventures of Grandmaster Flash on the Wheels of Steel*（《闪耀大师在钢铁车轮上的冒险》）[97]。这首来自嘻哈之父的单曲是用Technics SL-1200唱机混合了搓碟和LP切音技艺来创作的，所有这些都由两张唱片交织而成，不仅创造了一首歌曲，还催生了一种主导着现在流行音乐文化的运动。

人们可能会猜测SL-1200的设计师小幡修一（Shuichi Obata）和他的团队是否将唱机定位于专业或消费级应用。但令人怀疑的是，小幡修一是否真的预见到10年以后它在纽约the Tunnel等俱乐部里的地位，唱机在搓碟播放Run-D.M.C.的唱片，并在Depeche Mode和New Order的旋律中淡出或淡入。即使小幡修一未能预见到SL-1200的这些用途，但当MK2版本出现在绘图板上时，他肯定意识到了这一点。在20世纪70年代末改进SL-1200时，小幡修一会见了DJ们，以使唱盘更符合他们的需要。因此，SL-1200MK2以俱乐部场景为灵感进行了重新设计。关于它的DJ用途，Technics宣称它"足够坚固，可以承受迪斯科节拍，并且足够准确，能够跟上节拍"。[98]小幡修一传奇的SL-1200不断演化，成为21世纪模拟重生和复兴最强大、最夺目的催化剂之一。

○○   MRM Audio的The Source唱机

　　20世纪80年代生产周期最短的唱机之一也许是MRM Audio的The Source，它由迈克·摩尔（Mike Moore）设计于1983年。这台英国唱机似乎受到哈米什·罗伯逊（Hamish Robertson）的Ariston RD11和Strathclyde Transcription Developments的STD 305M的影响，但不同之处在于它使用了极其坚固的合金副底盘和重型合金唱盘。由于唱盘较重，也为了更好地分配重量并减少晃动，摩尔选择了4根弹簧（如STD 305M所用的），不同于Ariston较轻的唱盘采用的三弹簧设计。这台唱机由Papst直流电动机通过皮带驱动，并使用由高质量EI变压器并联组成的电源[99]。1986年，摩尔出售了公司，他的唱机最终相对默默无闻。尽管他在模拟世界中的影响是短暂的，但正是这种个人主义热情让大大小小的玩家们的创造力在20世纪80年代得以蓬勃发展。

4.1   THE SOURCE 唱机，迈克·摩尔，MRM Audio，1983年

4.1

○○　Forsell（福塞尔）

　　这款瑞典制造的唱机和唱臂是彼得·福塞尔（Peter Forsell）博士的作品。作为一名外科医生，福塞尔对精密工具非常敏感，并希望将这种加工水平应用到唱机和唱臂设计中。他在他的Air Reference唱机中集成了空气轴承唱盘和空气轴承线性循迹唱臂。在20世纪90年代，Forsell被认为是顶级的High-End唱机之一。

| 4.2 – 4.3 | AIR REFERENCE唱机，FORSELL，约1994年 |

4.2

4.3

○○　Aiwa（爱华）

也许更知名的是它于1964年推出的日本第一台盒式磁带录音机及其消费电子产品，Aiwa（爱华）凭借其便携式播放器和高保真组件在20世纪80年代广受欢迎。特别值得一提的是它的唱机，其中LP-3000最好地体现了Aiwa最具雄心的努力。石英锁相环（PLL）和直接驱动唱机配备了独特的线性静态唱臂，类似于索尼PS-X800唱机上的正切臂Biotracer。只有少数日本企业敢于冒险涉足正切唱臂的生产，Aiwa就是其中最引人注目的例子之一。

4.4　AP-2200唱机，AIWA，1977年

4.5　LP-3000E唱机，AIWA，1979年

4.6　AP-D60唱机，AIWA，约1981年

4.4

4.5

4.6

○○　Sota

Sota在20世纪80年代初首次亮相的时候，它是当时唯一在美国制造的High-End唱机。Sota的第一款唱机是Sapphire（蓝宝石），如今仍在生产，已经发展到MK IV版本。最初的Sapphire由实木制成，是一种令人印象深刻的惰性设计。它采用Papst电动机及皮带驱动设计，与当时其他的唱机非常相似。它采用了悬挂在质量负载上的弹簧悬架设计，与经典的弹簧设计略有不同，而与采用弹簧加载的Oracle Delphi相似。众所周知，这台唱机可以吸收在实木机身上的敲击，而不会产生任何可闻的影响；不受外部振动和共振的影响证明了这台唱机的坚固性。它可以选配真空泵，以排出唱盘和唱片之间的所有空气，减少唱片翘曲和不均匀的影响。时至今日，Sota仍被尊为美国历史最悠久、最受尊敬的High-End唱机制造商之一。

4.7　　SAPPHIRE唱机，SOTA，20世纪80年代

4.7

○○　　Audiomeca（音乐甲虫）/皮埃尔·卢内

　　1968年，20岁的皮埃尔·卢内（Pierre Lurné）制造了他的第一支唱臂，他从未怀疑过自己的热情。1979年，他成立了自己的公司Audiomeca（音乐甲虫），并成为Goldmund（高文）超级模拟设计的首选顾问，出品的最著名的型号是T3正切唱臂。到20世纪80年代后期，卢内终于发布了自己的专门型号，例如J1唱机和SL5（Goldmund T5的变体）线性循迹唱臂。卢内非常重视振动控制，所以在J1唱盘制造中使用大量的甲基丙烯酸酯，还在J1唱盘中加入铅[100]。J1还使用了一个创造性的惰轮系统，额外补充了主电动机驱动皮带，使J1与早期的直接驱动唱机Goldmund Studio分道扬镳。

4.8　　ROMA唱机，皮埃尔·卢内，AUDIOMECA，20世纪90年代

4.8

4.9

4.10

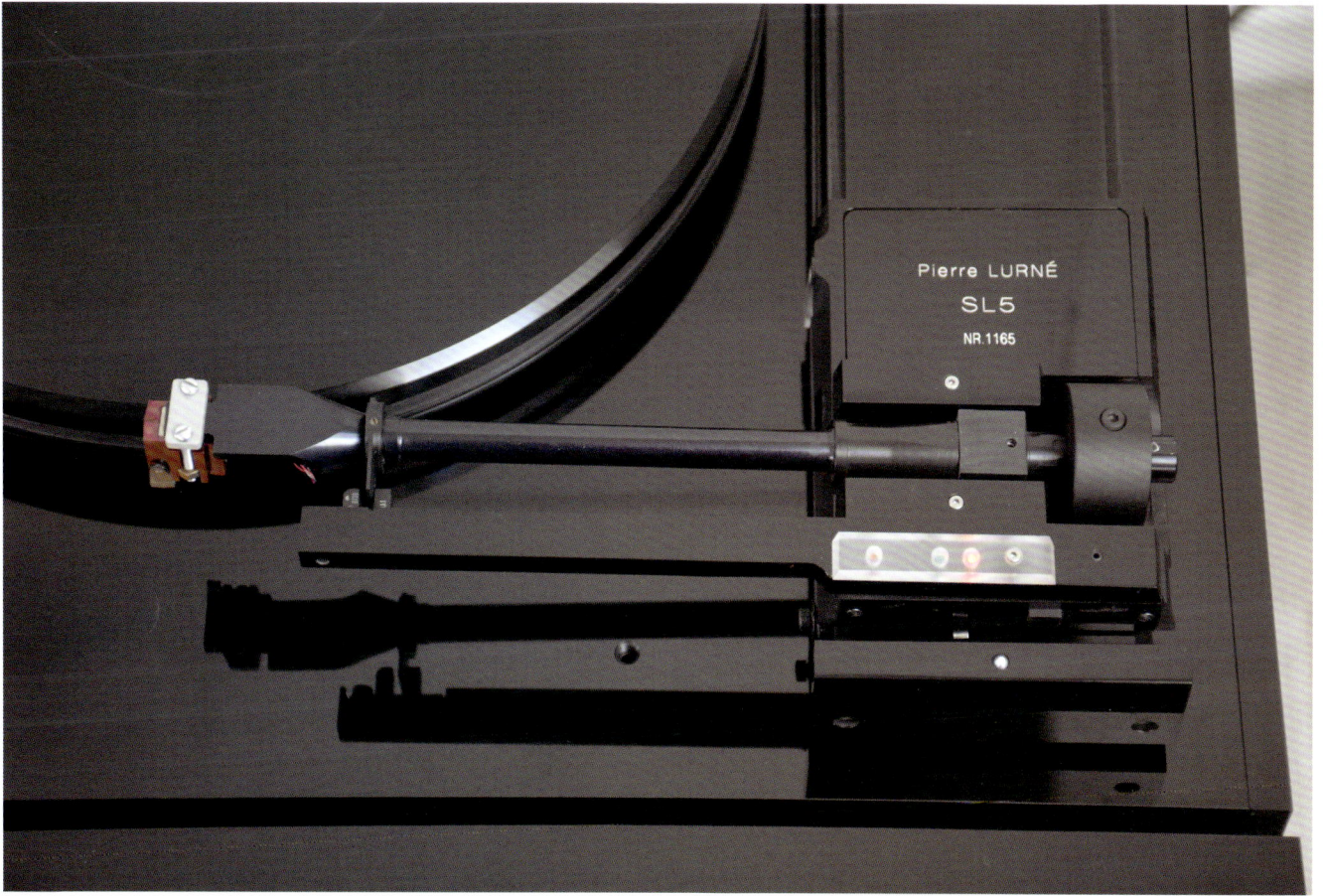

4.11

4.12

○○　Goldmund（高文）

　　按照米歇尔·雷弗琼（Michel Reverchon）的愿景成立于1978年的这家瑞士公司，和别的几家公司一起创造了一流且独特的极致音响产品。将Goldmund（高文）提升到这一梯队的产品是Studio唱机、T3正切臂、Reference唱机，以及带有T5正切臂的Studietto唱机。雷弗琼的能力在于寻找人才来设计Goldmund的产品，他招募了乔治·伯纳德（Georges Bernard）和皮埃尔·卢内等重量级工程专家。T3本质上是Rabco设计的一款现代衍生品，是一种伺服控制的线性循迹平行唱臂，使用传感器引导其横向运动。Studio唱机采用直接驱动系统，由Papst电动机（后来用JVC电动机取代）提供动力。卢内的贡献在于甲基丙烯酸酯和铅锭唱盘，以及三点弹簧加载悬架方面。高文的"机械接地"概念首先应用在它的唱机上，旨在为设备收集到的振动、共振和其他机械能提供疏散途径，否则这些机械能将返回唱头并导致被播放出来。Reference唱机在模拟市场上是史无前例的，被评为"震撼世界"的组件之一[101]。这款巨大的唱机仅限量300台，表面采用黄金黄铜和黑色阳极氧化铝装饰。它的皮带驱动电动机装在一个机械悬挂的外壳中，驱动一个由甲基丙烯酸酯和黄铜制成的33磅（15千克）重的唱盘。该公司最新的T3F唱臂安装在1⅝英寸（40毫米）的支架上，所有功能都集成在金色和烟熏色玻璃面板上。66磅（30千克）重的铝制副底盘通过后部中央的尖钉释放唱机储存的能量，实现了Goldmund的机械接地。Reference被广泛认为是乔治·伯纳德的音响工程杰作，是模拟设计最极致的成果之一。

4.13　STUDIETTO 唱机以及T5唱臂，GOLDMUND，1988年

4.14　REFERENCE唱机以及T3唱臂，GOLDMUND，1982年 [对页]

4.13

○○　Luxman（力仕）

　　与Accuphase（金嗓子）和Nakamichi（中道）等其他知名日本品牌相似，Luxman（力仕）在20世纪70年代和80年代声名鹊起，主要是因为该品牌出色的电子管产品和晶体管产品。自1925年成立以来，Luxman一直被认为是High-End企业，凭借其精湛的工艺和美学而与众不同，其唱盘也遵循了这一传统。与许多其他的日本唱机类似，Luxman更喜欢直接驱动系统（尽管该品牌也提供了一些皮带驱动型号），但区别在于它的真空唱片稳定器（Vacuum Disc Stabilizer，VDS），这种通过去除唱片和唱盘之间的空气将唱片与唱盘耦合的机制试图减轻因唱片扭曲而产生的问题。PD-300和PD-555是该品牌对VDS技术最著名的应用，也是最受欢迎的经典型号。Luxman优雅的工业设计将金属底座与木质基座及面板相结合，深受全球挑剔的发烧友青睐，其外形和设计至今仍是无与伦比的。

| 4.15 | PD-444唱机，LUXMAN，1977年 |
| 4.16 - 4.17 | PD-555唱机，LUXMAN，1980年 |

4.15

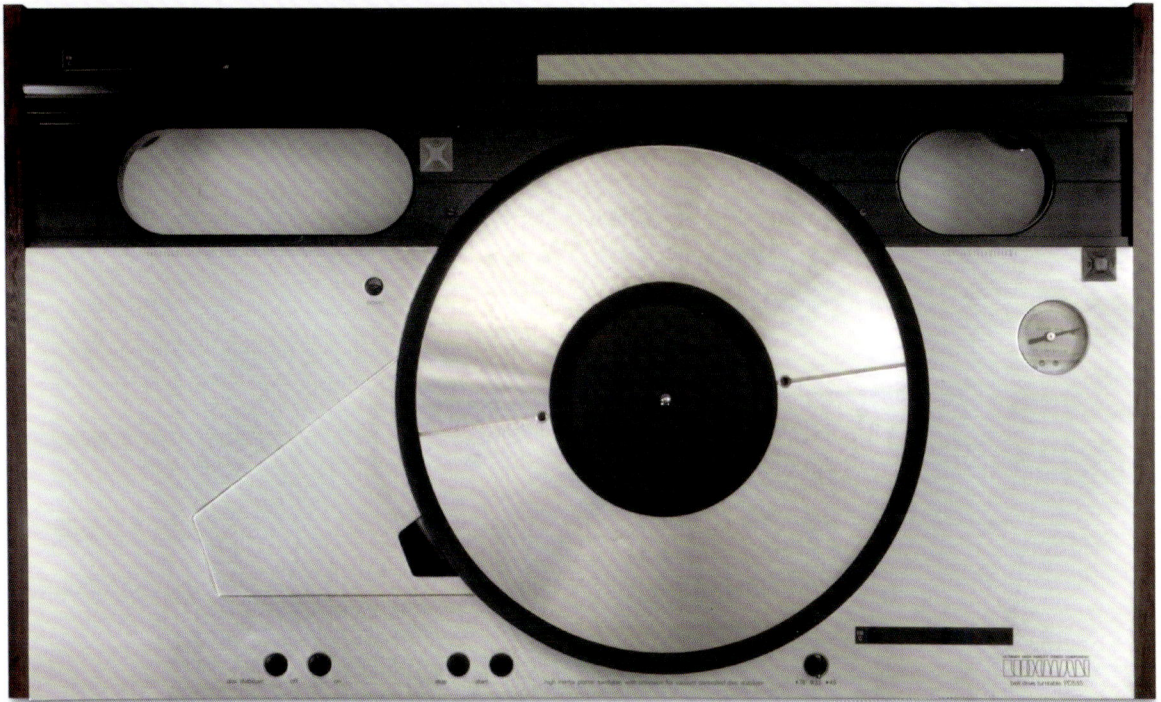

4.16

4.17

4.18

4.19

4.20

○○　　Nakamichi（中道）

　　当人们想到Nakamichi（中道）时，首先想到的是它的一系列经典磁带卡座：著名的1000ZXL、Dragon或可以翻转磁带的、机械性能令人印象深刻的RX系列。这些磁带卡座帮助定义了20世纪70年代和80年代的音响场景。它在20世纪80年代发布的两款特色唱机（参考级的TX-1000和较实惠的Dragon CT）并不为人所熟知。与它的参考级磁带卡座一样，这些唱机在设计上全力以赴，毫不妥协。TX-1000是公司创始人中道悦郎（Etsuro Nakamichi）的构思，但由Micro Seiki（美歌）制造；Dragon CT的设计和制造外包交给了Junichi Okumura和Fujiya Audio。两款唱机共有的一个功能是测量唱片的"声槽偏心率"以重新定位LP的机制。声槽偏心通常是由于主轴孔偏心或磨损导致的，可能会导致音调失真。该功能由传感器臂激活，传感器臂部署在唱片上方并测量主轴孔的偏心度。一旦确定偏心度，唱盘就会自动移动到中心位置。TX-1000使用一个唱盘，而Dragon CT使用两个唱盘。TX-1000的直接驱动石英锁相环（PLL）电动机安装在压力调节腔内的油浴中。与Micro Seiki的设计类似，TX-1000采用整体压铸铝底座构造，而Dragon CT采用木质底座。可选的真空唱片稳定器（VS-100）完善了TX-1000的综合功能。这两款唱机可以与中道磁带卡座的优秀工程设计相媲美，并跻身于由Micro Seiki和Technics等品牌主导的最高级别的日本唱机领域。

4.21

4.22

○○   **Micro Seiki（美歌）**

Micro Seiki（美歌）成立于1961年，最初是Luxman、Denon、Sharp和Kenwood等唱机制造商的分包商。1975年，该品牌被杂志推荐为世界上最昂贵高保真系统的候选者之一，它在模拟音响爱好者中的地位也随之上升[102]。到了20世纪80年代和90年代，它在开发自己的唱机系列的同时，渴望实现更加High-End的设计。《音频》（*Audio*）杂志称RX-5000唱机"在机械性能的所有方面都经过精心设计，以实现更长的使用寿命，这样它就可以比它的一些主人更长寿——这将让其继承人高兴。[103]"西川英章（Hideaki Nishikawa）于1980年加入公司（西川后来创立了TechDAS，目前是日本最著名的唱机品牌之一），负责监督Micro Seiki旗舰产品SX-8000唱机的开发。SX-8000 II 于1984年发布，是一个重达295磅（133.8千克）的庞然大物，它采用了吸气机制来保证唱片牢靠地贴附到唱盘。与Luxman设计中使用的类似，但美歌的吸气系统具有更好的气流和更耐用的机械结构。该公司将相同的原理应用于其重达194磅（88千克）的SZ-1系列唱机，这些唱机配备了空气隔离悬浮唱盘和大型电动机组件。而RX-1500系列使用了四重悬挂系统，包括螺旋弹簧、橡胶膜片支撑活塞、压缩空气和高黏度油，事实证明它是该品牌非常受欢迎的一个系列。RX-1500 VG和RX-1500 FVG还利用了该公司著名的真空泵及空气轴承设计，使沉重的唱盘悬浮在底座之上，从而几乎消除了摩擦。美歌因其唱机和唱臂而备受推崇和珍视，在唱机设计史上享有崇高的地位。

4.23   RX-5000 唱机唱盘单元，MICRO SEIKI，20世纪80年代初

4.24   RX-5000 唱机唱盘单元及RY-5500电动机单元，MICRO SEIKI，20世纪80年代初 [对页]

4.23

4.25　SX-8000 Ⅱ唱机，MICRO SEIKI，1984年 [对页]

4.26　RX-1500 唱机唱盘单元以及RY-1500 D电动机单元，MICRO SEIKI，20世纪80年代初

4.27　RX-1500 VG 唱机唱盘单元，RY-1500 D 电动机单元，以及RP-1090 气泵单元，MICRO SEIKI，20世纪80年代初

4.26

4.27

○○　Oracle

　　Oracle的Delphi型号被广泛认为是加拿大对模拟艺术最杰出的贡献之一，代表了唱机工艺与热情的悠久传统。Oracle由魁北克舍布鲁克大学哲学讲师马塞尔·林多（Marcel Riendeau）创立于1979年。Delphi MK I唱机于1980年推出，广受好评；著名音响评论家J. 彼得·蒙克里夫（J. Peter Moncrieff）在听过其原型后惊呼，它"比Linn好634倍"。[104]在这款唱机中，Oracle采用了皮带驱动和新的悬挂式副底盘，选择将弹簧布置在远离唱盘的位置，并完全取消了唱机外壳。Oracle拒绝了弹簧相互之间以及与中心轴等距的放置方法（这是Acoustic Research、Linn和Thorens所提倡的方法），打破了常规，迅速在20世纪80年代与其他顶级唱机齐名。依靠应用大量的亚克力树脂，结合铝唱盘和可调的铝制悬挂塔，这款唱机是有史以来最具视觉吸引力的设计之一。由于唱机的性能高度依赖悬挂的微调和使用者的技术悟性，所以Oracle在数十年中不断简化其设计。目前，Delphi唱机已发展到MK VI版本，Delphi唱机继续保持着它在收藏家中的声誉。

| 4.28 | DELPHI MK II 唱机，ORACLE，约1984年 |
| 4.29 - 4.30 | DELPHI MK V 唱机，ORACLE，约1996年 |

4.28

4.29

4.30

○○　Sony（索尼）

如果说有哪家公司拥有打造世界上最佳唱机的资源，那毫无疑问是Sony（索尼），它成立于第二次世界大战后，后来成为日本最大的消费电子产品出口商之一。这家跨国企业集团和电子巨头在20世纪80年代和90年代推出了大量的消费电子产品，尤其是其著名的Walkman（随身听）广受好评。话虽如此，人们很容易认为该公司的唱机是后来才想到的事。但恰恰相反，Sony的资源让它在20世纪70年代和80年代就制造出令人印象深刻的唱机。索尼的无刷无槽线性（BSL）电动机为其直接驱动系统提供动力，消除了扭矩齿槽效应，同时由其专有的Magnedisc伺服控制机制进行监控，并在某些型号中增加了石英晶体以减少抖晃。此外，索尼通过轻量化工程设计实现了静音唱臂自动化，并在其外壳中使用该公司的整体成型塑料。这是一种专有的非共振材料，可解决唱机结构中的声反馈问题。该品牌的拥趸常将PS-6750视为20世纪70年代和80年代初索尼传统风格的典范，而将PS-FL7视为20世纪80年代中期索尼现代模拟美学的代表。时尚的PS-FL7直驱唱机采用铝合金压铸而成，配备先进的线性循迹臂，具有全自动且平稳的操作特点。尽管索尼最终将注意力从模拟设计上转移了，但该品牌仍然是那个时期的唱机的标志之一。

4.31	PS-FL7 唱机，SONY，1985年
4.32	PS-F5 唱机，SONY，1983年 [对页]

4.31

4.32

4.33

4.34

4.33   PS-6750 唱机，SONY，1975年

4.34   PS-X9 唱机，SONY，1977年

4.35   PS-X65 唱机，SONY，1979年

4.35

○○　Pink Triangle（粉红三角）

正如人们所预期的那样，一些知名公司为这一时期的模拟世界做出了重大贡献。但许多新的、引人注目的唱机则来自更小、更低调、更多种多样的企业。Pink Triangle由尼尔·杰克逊（Neal Jackson）和亚瑟·库贝塞里安（Arthur Khoubesserian）于1979年在英国创立[105]。该公司的第一款唱机 Pink Triangle "Original" 创新性地采用了Aerolam（一种用于飞机制造的铝蜂窝惰性材料）来制造副底盘。也许Pink Triangle从Celestion（百变龙）借鉴了这一概念。Celestion是一家著名的英国公司，其著名的SL600音箱使用了Aerolam。 "Original" 实现了非常高刚性的结构和很低的能量存储，同时采用了其他创造性的解决方案，包括使用悬挂弹簧来悬挂副底盘，而不是传统的将其放置在压缩弹簧上的方法。Pink Triangle后来将其产品线扩大到PT1和PT TOO唱机。该公司最后的产品是Tarantella。其亚克力结构呈三角形，并使用红色LED灯照亮亚克力底盘和唱盘。Pink Triangle在其产品中贡献了坚实的工程技术，赢得了全世界模拟爱好者的支持。但也许更重要的是，该公司以其独特的风格和色彩照亮了一个冷峻严肃的行业。

4.36

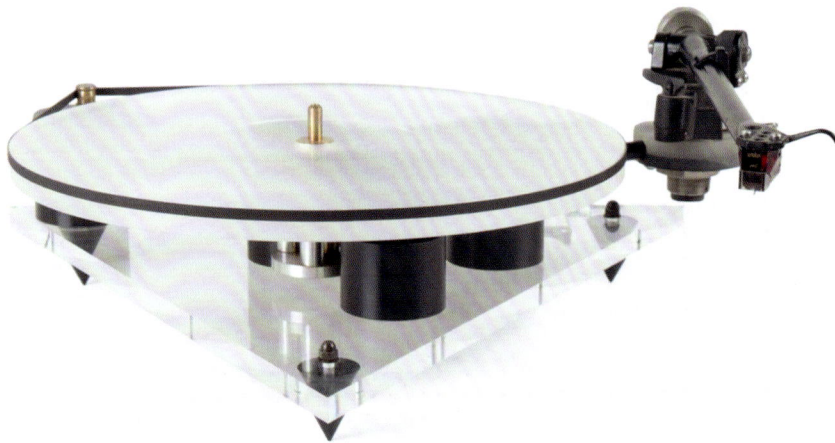

4.37

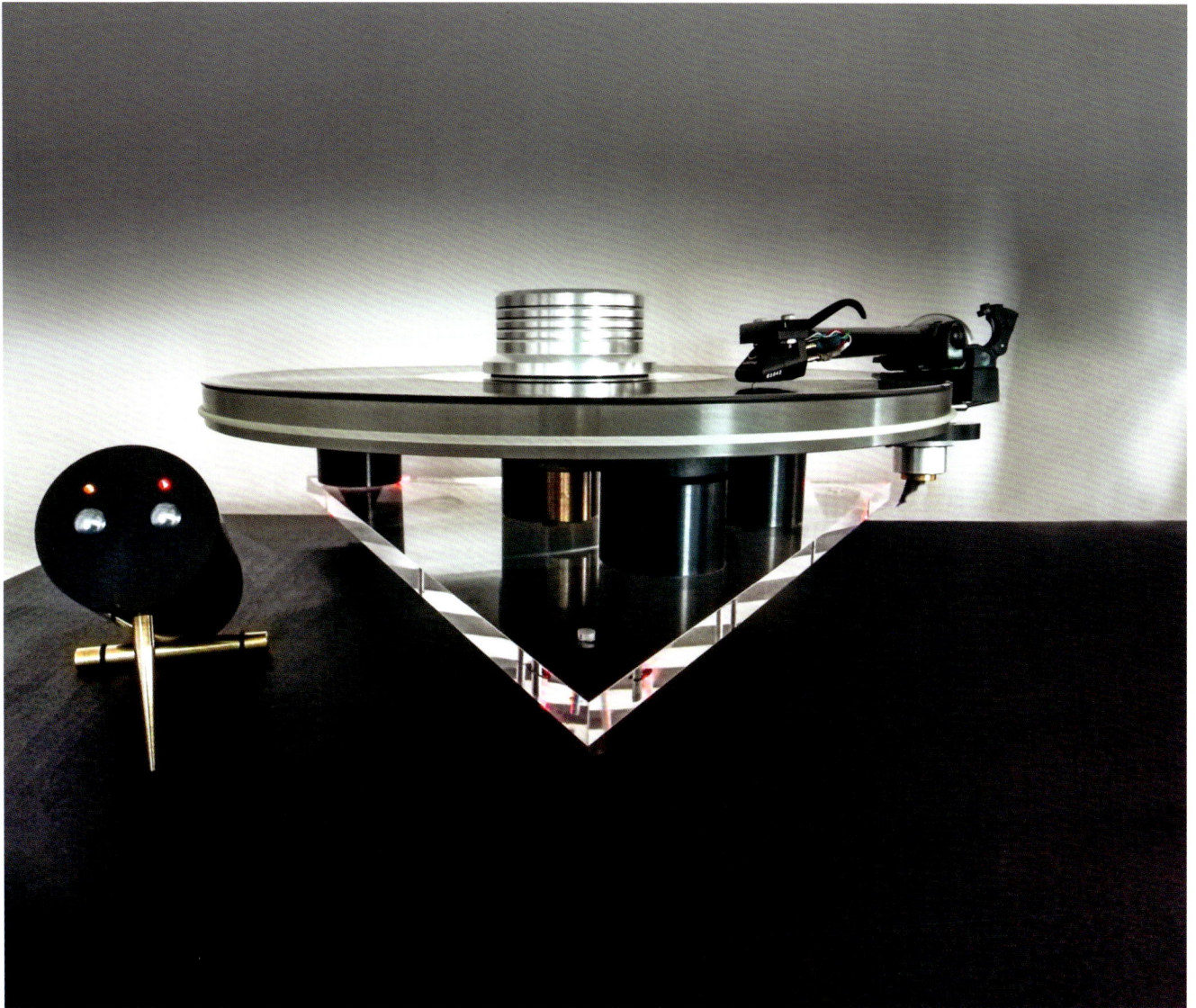

○○ Mitsubishi（三菱）

与索尼及松下类似，Mitsubishi（三菱）曾是日本最强大的消费电子品牌之一。三菱的历史可以追溯至19世纪，到20世纪80年代，其产品线已相当广泛，涵盖了多种电子产品。该公司的唱机很容易被视为主流选择之外的补充而被忽视，但它开创了一种垂直放置形式的先例，其他日本公司在整个20世纪80年代纷纷效仿。从一体化的立式X-10开始，该公司随后发布了它最令人印象深刻的立式唱机——带有线性循迹唱臂的LT-5V。

4.38　LT-5V 唱机，MITSUBISHI，约1980年

4.38

○○　　Technics

正如本章前面所讨论的，在塑造20世纪70年代至90年代的模拟文化场景方面，没有任何唱机品牌能够与Technics竞争。Technics是唯一一个如此广泛且深入地渗透到DJ文化中的品牌，成为嘻哈音乐人的文化象征以及俱乐部控制台的绝对必需品。大西洋唱片公司首席执行官克雷格·卡尔曼（Craig Kalman）热情洋溢地谈到他的Technics："作为80年代纽约市的一名DJ，我珍贵的财产是Technics SL-1200。无论我是在Dance-teria、Palladium还是The Tunnel工作，Technics唱机都从未离开过我的手边。成长过程中，我家里有两台Technics唱机放在我的Urei混音器旁边——Technics唱机和我的黑胶唱片是我的主食。多年后，我仍然在SL-1200上播放唱片，对唱针落下的时刻有着同样孩子气的期待。[106]"作为一场运动的代表，小幡修一的SL-1200至今经久不衰，现在生产的是MK7版本。SL-1200与流行音乐以及青年运动——唱机设计和模拟文化的交汇点——如此具有说服力，无疑在历史上留下了印记。从设计和收藏角度讨论一台唱机作为艺术品的荣耀只是一个方面，而一个机械及工业设计的对象，能够调动音乐流派的发展与繁荣，它就发挥了文化催化剂的作用，使艺术得以涌现。

4.39　　SL-1100唱机，TECHNICS，1971年

4.39

4.40

4.41

4.42

4.43

○○   VPI Industries

20世纪80年代初，总部位于新泽西州的VPI Industries成为除Sota之外，另一家总部位于美国的唱机制造商。VPI由希拉（Sheila）和哈里·韦斯菲尔德（Harry Weisfeld）创立于1978年，最初制造唱片镇、唱机隔离底座（受Denon和JVC委托）和唱片清洁机。它的HW-16唱片清洁机接替传奇的Keith Monks设备，成为几乎所有黑胶唱片爱好者不可或缺的工具。VPI最终转向唱机设计，于1980年发布了HW-19，这是一款双速皮带驱动设备，随后于1986年发布了其参考级的TNT。TNT多年来不断发展，使用复合滑轮或飞轮系统来驱动沉重的铅、亚克力和金属复合唱盘。这些唱机体现了老派的美国品质，帮助VPI成为占据主导地位长达40多年的唱机制造商。值得一提的是，VPI邻近托马斯·爱迪生位于新泽西州门洛帕克的旧工厂。VPI证明了爱迪生奉献的模拟韧性，那么，用这个模拟韧性对抗黑胶唱片对光盘所谓二十年的屈服是多么的合适。

| 4.44 | TNT唱机，VPI，1986年 |
| 4.45 - 4.46 | TNT MK.IV 唱机，VPI，约1997年 |

4.44

4.45

4.46

○○　Eminent Technology

　　Eminent Technology（杰出技术）由布鲁斯·蒂格彭（Bruce Thig-pen）创立于1982年，早期以其空气轴承唱机及唱臂著称。它的第一款产品是Model One，此产品为1985年与爱迪生·普莱斯（Edison Price）合作的著名的ET-2奠定了基础。这两款产品都采用空气轴承设计，"气压使阳极氧化铝硬涂层的主轴悬浮在薄薄的空气层上"[107]。与另一位20世纪80年代空气轴承唱臂的支持者Versa Dynamics一道，Eminent Technology凭借这种技术脱颖而出，并成为其主要代表之一。

4.47　ET-2唱臂，EMINENT TECHNOLOGY，1985年

4.47

○○ Fidelity Research（传真研究）

Fidelity Research（传真研究）由池田勇（Isamu Ikeda）创立于1964年，它的唱臂被广泛收藏，是当今最令人垂涎的古董唱臂之一。FR-64、FR-64S、FR-66和FR-66S唱臂的生产一直持续到1984年公司关闭为止。这些$9^5/_8$英寸（24.4厘米）和12英寸（30.5厘米）唱臂在设计时考虑到了较大的质量，深受低顺性动圈唱头欢迎。这些唱臂以螺旋弹簧刻度可调的循迹力和简单的杆控防滑功能而闻名，仍备受青睐。如今，日本公司Ikeda Sound Labs（池田音响实验室）仍在延续并提升Fidelity Research的传统设计。

| 4.48 | FR-66S 唱臂，FIDELITY RESEARCH，20世纪80年代初 |
| 4.49 | FR-64S 唱臂，FIDELITY RESEARCH，约1980年 |

4.48

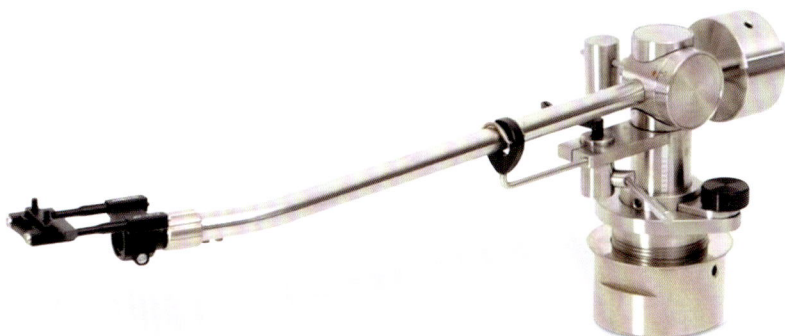

4.49

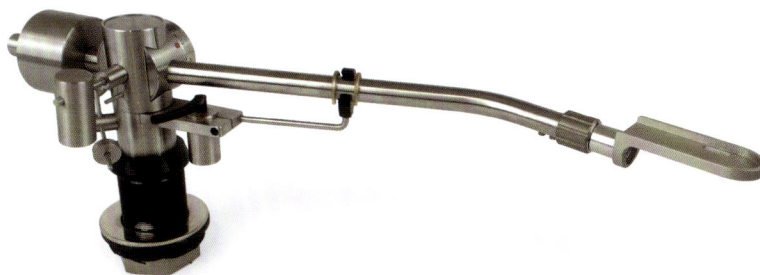

○○　Kiseki（奇迹）

在日语中，Kiseki的意思是"奇迹"，尽管这个唱头品牌散发着独特的日本艺术气息，但在20世纪80年代它同时起源于日本和荷兰。品牌实际创建者是荷兰音响行业资深人士赫尔曼·范登·邓根（Herman van den Dungen），而唱头由Koetsu（光悦）的菅野义信（Yoshiaki Sugano）在日本设计和制造。后来，赫尔曼·范登·邓根与菅野义信逐渐疏远，在荷兰和日本两地制造Kiseki唱头。最初发布的是Kiseki Blue（奇迹蓝），随后是BlackHeart（黑心）、PurpleHeart（紫心）、Agate（玛瑙）和Lapis Lazuli（天青石），它们与光悦奇异的木质和石质型号没有什么不同。如今，Kiseki仍在提供这些珍贵的动圈唱头，并拥有一批忠实的追随者。

4.50	AGATE 唱头，KISEKI，20世纪80年代
4.51	BLUE 唱头，KISEKI，20世纪80年代（此款，BLUE N.O.S.，2011年）
4.52	BLACKHEART 唱头，KISEKI，20世纪80年代（此款，BLACKHEART N.S.，2020年）
4.53	PURPLEHEART 唱头，KISEKI，20世纪80年代（此款，PURPLEHEART N.S.，2015年）

4.50

4.51

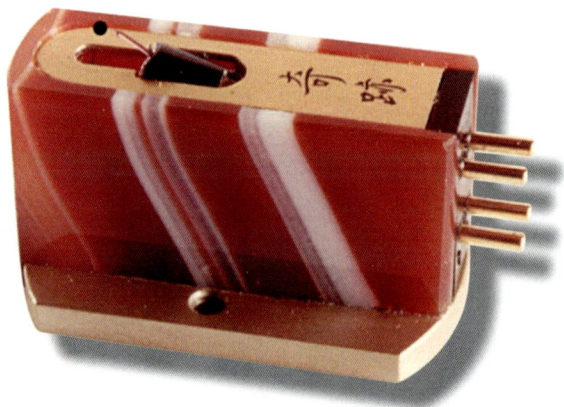

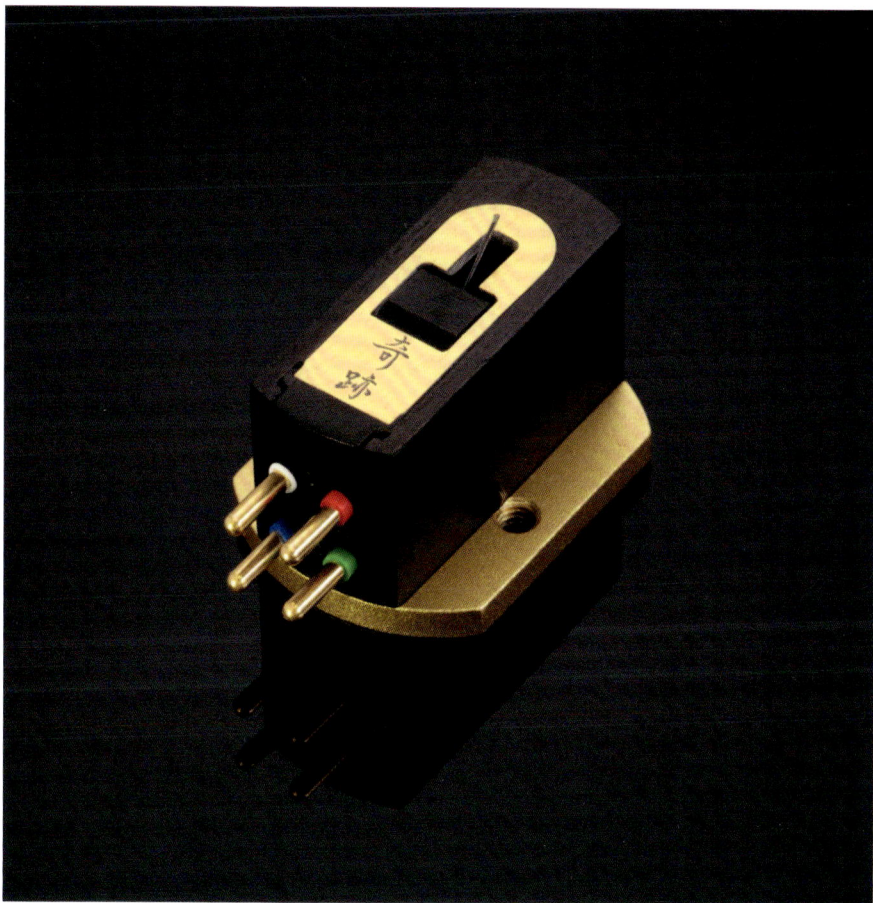

4.52

4.53

21世纪初

○○　模拟的复兴

　　本书的封面是Bang & Olufsen（B&O）的4000C唱机，这件物品体现了20世纪70年代的文化冲击，甚至可以看作是唱机设计的完全复兴。为什么选择4000C？为什么它适合作为唱机艺术的特使？这很容易解释：它的设计价值不言而喻，它的永恒是无需解释、不证自明的真理。但仅凭外观是不够的，因为本书中充满了优秀设计与模拟技术相融合的各种例子。

　　在这里，雅各布·延森（Jacob Jensen，将他的设计理念定义为"与众不同但不怪异"）与卡尔·古斯塔夫·泽森（Karl Gustav Zeuthen）和维利·汉森（Villy Hansen）的合作诞生了一款与常见的20世纪70年代唱机截然不同的唱机，它定义了B&O的设计语言，同时也唤醒了一个对那个时期的木制底座和专业广播"坦克"日益自满的行业[108]。与Braun（博朗）的迪特尔·拉姆斯的努力没有什么不同，他们的工作将模拟设计从业余爱好者的驱动和短视发烧友的领域转变到现实世界的客厅，以及更广泛的文化接受度。

　　2020年，为了纪念模拟技术连续发展的50年，B&O发布了重新打造的限量版4000系列。煞费苦心的复刻表明这些产品拒绝过时。在这里，来自1972年的唱机与Apple昙花一现的小玩意形成了鲜明对比。这种对模拟技术长久发展的坚持发生在第一张商业光盘（CD）——比利·乔尔（Billy Joel）的《第52街》发行38年之后。毫无疑问，数字媒介将继续存在，但就在CD于21世纪之初被流媒体取代的时候，黑胶唱片却表现出强大的恢复力并卷土重来，使唱机制造设备重新活跃起来。

　　这种一直到21世纪的不断延续并不仅仅依靠B&O的努力。例如，约亨·雷克（Jochen Räke）在20世纪70年代初期参与设计了著名的Michell（米歇尔）唱机，后来创立了自己的Transrotor（盘王）公司。Transrotor现在是模拟设计的一个重要贡献者，它的Michell根源是微妙而受欢迎的线索。另一个著名的例子是西川英章，他是唱机领域的先锋，曾为传奇的Micro Seiki做出了贡献，现在是TechDAS的幕后推手。Linn和Rega（君子）都在继续制造他们的经典设计，分别是LP12和Planar 3，但对其进行了先进的重新诠释。Technics在直驱DJ领域的霸主地位仍然没有受到挑战，该公司通过更具雄心的型号及定制型号扩大了其产品范围。Brinkmann、VPI、Thorens及其他知名唱机品牌继续发布新型号，这些型号要么对经典主题进行重新诠释，要么为当代模拟设计描绘新路线。

　　市场对黑胶唱片的重新迷恋不仅唤醒了传统品牌，同时还激发了新人才的涌现。怀着对过去的技术进步的敬意，新一代设计师崭露头角，进一步提升了他们前辈的成就。在某些情况下，过去更隐秘、隐藏的模拟珍宝已被发掘出来，并通过新的洞见和技术知识得以重新诠释。例如，从受正切臂启发的双臂管Burne Jones Super 90唱臂，到如今类似设计的Thales Simplicity唱臂的演变；来自Versa Dynamics、Eminent Technology、Goldmund

和Souther Engineering的更纯粹的正切臂；来自Bergmann、Clearaudio、CSPort、Simon Yorke和Walker的现代线性循迹臂。Wave Kinetics摆脱了传奇的Technics直驱电动机，凭借自己的直驱电动机和创新应用锐意向前。Vertere采用亚克力材质向20世纪80年代的Oracle唱机致敬，而TW Acustic的铜唱盘则吸引了一批忠实的追随者。Wilson Benesch不断推动碳纤维的应用，为现在热衷于使用这种材料制作唱臂的行业提供灵感。

类似地，对经典设计的新赏识促使Thorens在最初的传奇唱机推出约65年后，重新发布TD 124唱机。在Shindo Laboratory的精心翻新中，经典惰轮驱动的Garrard 301、EMT唱臂和Ortofon MC唱头得到了现代诠释，旨在终极再现经典的音色和密度。Reed在其混合惰轮驱动和皮带驱动的3C唱机上更进一步，允许用户在两种驱动模式之间切换。

即使是特立独行者也在模拟技术的复兴中找到了自己的位置，47 Labs和Kronos大力倡导反向旋转唱盘设计。旋转唱臂的创意与工艺达到了新的高度，Frank Schroeder、Graham、Ikeda、Marc Gomez、Moerch和Rega另辟蹊径实现了最先进的设计。

唱头的种类呈指数级增长，日本以传统品牌和新品牌引领市场。Air Tight、Audio Note Japan、Audio-Technica、Dynavector、Fuuga、Hana、Kiseki、Koetsu、Lyra、My Sonic Labs、Murasakino和Mutech等都重振了日本在唱头制造方面的工艺与艺术。与日本品牌相抗衡的是欧洲品牌，如Jan Allaerts、Audio Note UK、Benz Micro、EMT、Ortofon和Van den Hul。Grado则凭借其经典的木质动圈（MC）唱头，很好地满足了美国市场的需求，这些唱头已生产了数十年。

○○　真实性的生命力

新的冲动时常涌现。在某些时候，那个反复聆听过的播放列表会完成使命，自然而然地刺激对新音乐的搜索，将我们带向无数个潜在的方向。这可能就是为什么许多人更喜欢在现实世界探索音乐，因为在有限空间中，总有一种内置的偶然性。有些人更喜欢在家中舒适地进入数字"虫洞"探索，这同样可能是完全随机的。纯黑胶唱片、纯数字音乐、纯卡带，当今世界需要我们掌握多种媒介。对于音乐音响爱好者来说，音乐在很大程度上是一种私人的追求，可以融入他们的工作，而对于另一些人来说，音乐是需要立即与朋友或一群舞者分享的东西。最重要的是，我认为音乐是早上从床上一跃而起的一个理由，是一种让你在听到一首未曾知晓却美得令人难以置信的曲目时摇头赞叹的兴奋感[109]。

——卡尔·亨克尔（Karl Henkell），《唱片》（*Record*）杂志主编，2019年

这段话彰显了对一切模拟介质音乐灵感的赞颂——就我们而言，它的持久载体便是那描绘声音之美的留声机。作为音乐艺术的代表，黑胶唱片与唱机共同培养了一种触觉上的、切实的联系，这不仅关乎艺术家本人，也关乎将艺术家作品呈现的过程。使用黑胶唱片、唱机、唱臂和唱头聆听录制的音乐无疑需要付出更多的努力，特别是与简单地在互联网上播放歌曲相比。然而，人类已经表现出了对真实体验的根本渴望，无论实现这一目标需要付出多少努力。从这个意义上说，连续不断的模拟正弦波对于那些寻求音乐重放真实性的人来说已经被证明是不可或缺的。只要这份超凡的韧性犹存，唱机也将不朽。

○○　47 Laboratory

　　47 Laboratory的木村准二（Junji Kimura）来自21世纪初新兴的日本小众音响制造商群体。他摒弃了传统的设计理念和常规思维，甚至影响了当前Kronos的唱机系列。他对世俗设计的挑战导致了Koma唱机的诞生，此唱机具有两个反向旋转的铝质唱盘，由两块强大的钕磁铁悬浮。木村自己很好地解释了这个概念："至于反向旋转唱盘的效果，想象一下将一台单唱盘的唱机放置在漂在平静水面上的船上。无论我们如何减少旋转的摩擦力，都无法完全消除它，并且只要有足够的时间，旋转产生的力就会传递到唱机底座，传递到船，然后传递到水中，使船随着唱盘的旋转而旋转，并在水面上引起涟漪。反向旋转唱盘的目的是抵消主唱盘产生的力。[110]"木村的匠心独运并没有停留在Koma唱机上，因为他的4725 Tsurube唱臂也颠覆了传统唱臂的设计：水平和垂直悬挂被放置在唱臂枢轴以及中部，目的是改善循迹并减小唱臂的质量。

5.1 - 5.2　　KOMA唱机及4725 TSURUBE唱臂，47 Laboratory，2012年

5.1

5.2

○○ Swedish Analog Technologies（SAT，瑞典模拟技术）

21世纪模拟复兴如此真实可信的原因在于它的新成员。毫无疑问，老一辈已经重新焕发出活力，但最近的初生牛犊则为这场运动的针对性增添了说服力。SAT的马克·戈麦斯（Marc Gomez）最初推出的是唱臂，现在又推出了XD1唱机，他无疑可以算作最近复兴运动的关键贡献者之一。戈麦斯拥有机械工程硕士学位，他大量运用专业知识，特别是将碳纤维用在他的唱臂中。SAT唱臂的特色是一种独特的碳纤维应用，经过预浸渍、固化，然后制造成一体化的锥形臂。戈麦斯将这些工程技术应用于XD1唱机，借鉴了Technics SP-10R的驱动系统，但重新对其进行机械诠释，采用更坚固的电动机外壳和隔离装置。XD1采用由经过老化的合金制成的33磅（15千克）真空吸附唱盘，其底盘同样采用经过老化的合金。为了减少振动，戈麦斯将电动机控制器放置在实心合金块加工而成的外壳中。合金的广泛使用赋予了XD1坚不可摧的结构。

5.3　XD1唱机，SAT，2019年

5.3

○○　Basis Audio（百世音响）

　　Basis（百世）唱机品牌由美国业界资深人士A. J. Conti创立，代表了一种对模拟设计和应用的热忱，其Transcendence（超越）唱机和SuperArm（超级臂）唱臂就体现了这一点。这款大质量负载刚性悬挂的唱机带有单个SuperArm唱臂时的质量为158磅（71.7千克），可适配多个不同长度的唱臂，并具有先进的真空系统，完善了过去数十年间的前辈们（如空气悬浮唱盘）的早期成果。

5.4	TRANSCENDENCE 唱机以及SUPERARM唱臂，BASIS，2017年
5.5	INSPIRATION 唱机以及VECTOR唱臂，BASIS，2012年

5.4

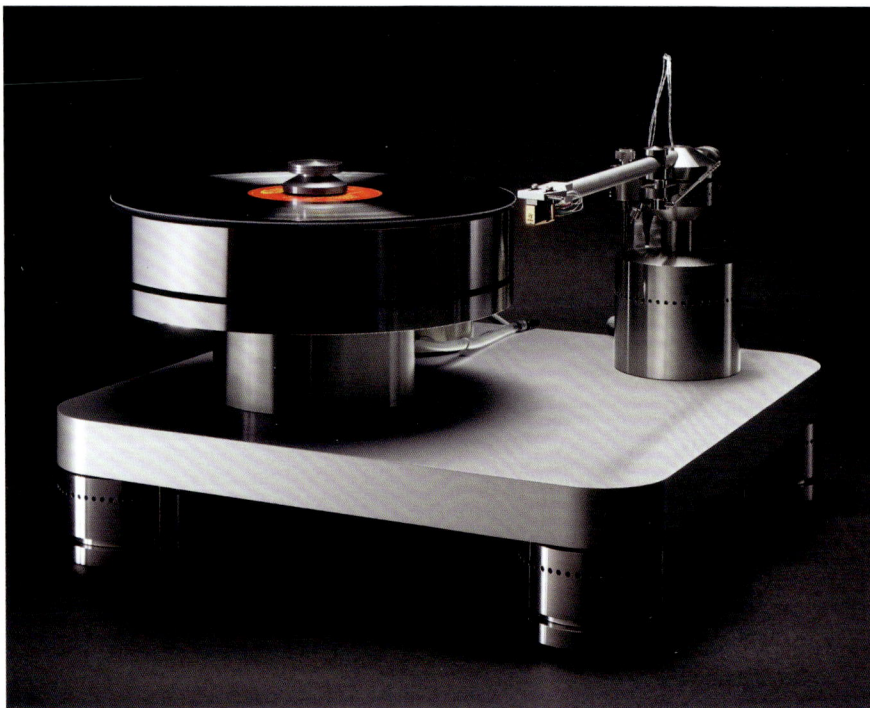

5.5

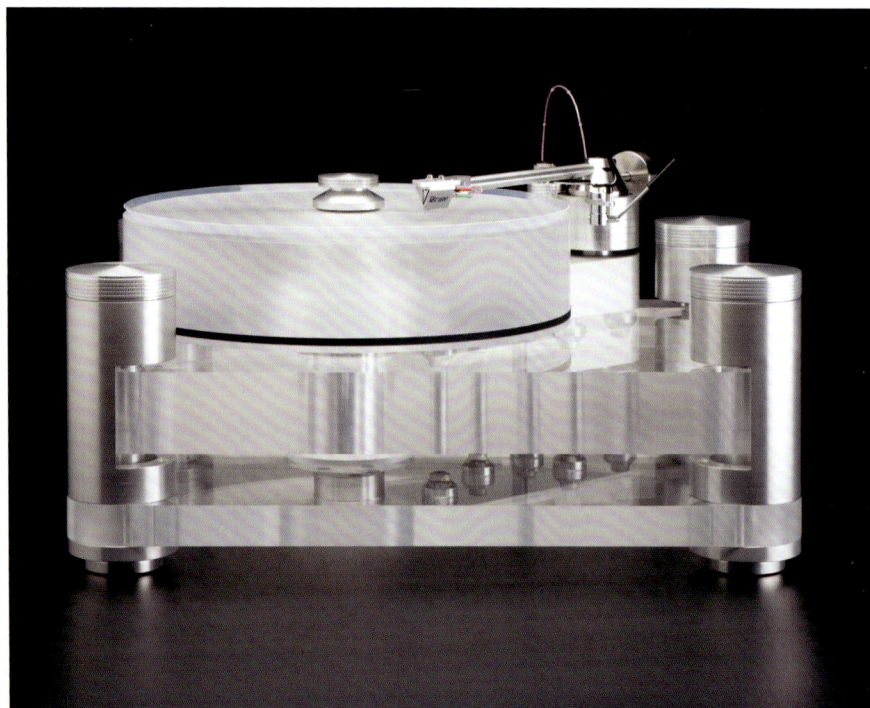

○○　Acoustic Signature（铭铸）

这家德国公司由冈瑟·弗伦霍费尔（Gunther Frohnhoefer）创立于1996年，现已成为一家成熟的唱机和唱臂制造商。Acoustic Signature通过使用多个电动机使其设计理念更进一步，跻身超精密设计的唱机行列。例如，Invictus Neo型号有6个集成的、完全绝缘的交流电动机。使用多个电动机的目的是构建一个具有一致速度的高扭矩设备。Acoustic Signature还在其底座中大量使用铝材，以控制谐振和振动。

5.6 – 5.7　　ASCONA NEO唱机，ACOUSTIC SIGNATURE，2020年

5.6

5.7

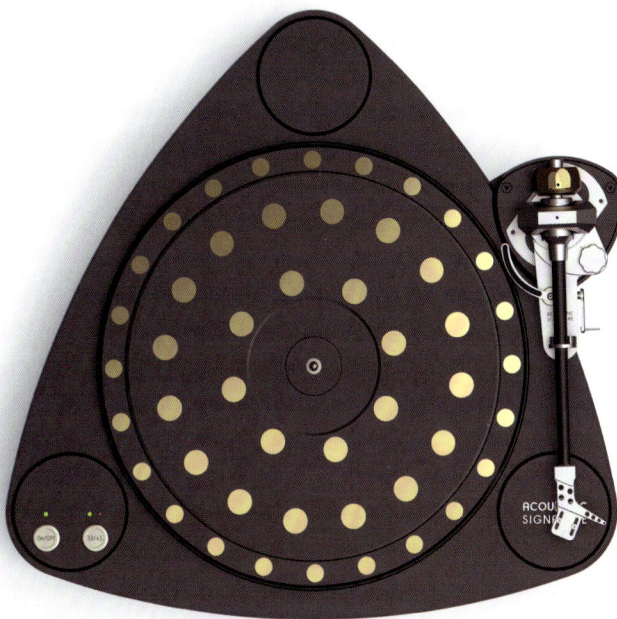

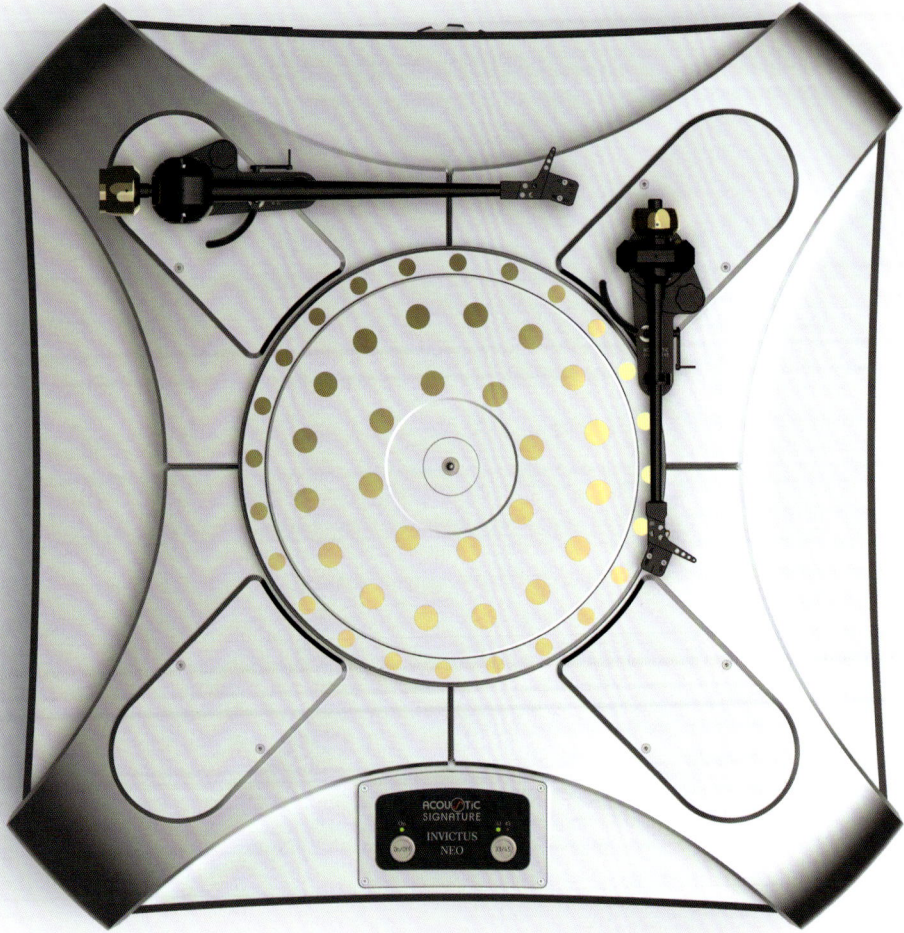

5.8

5.9

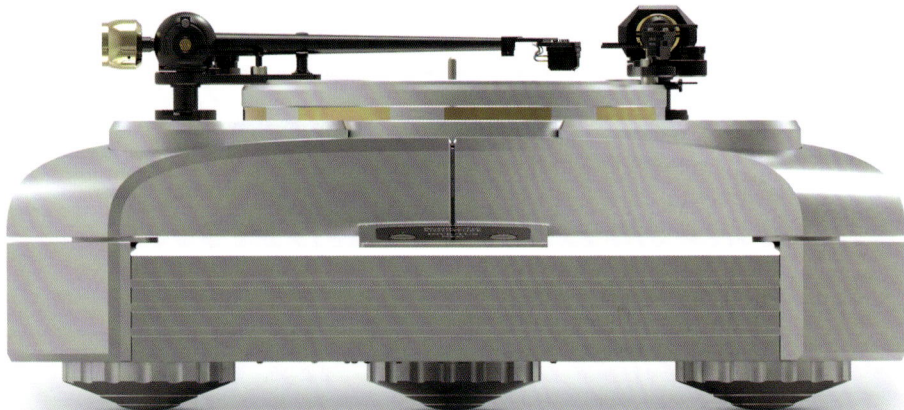

5.10

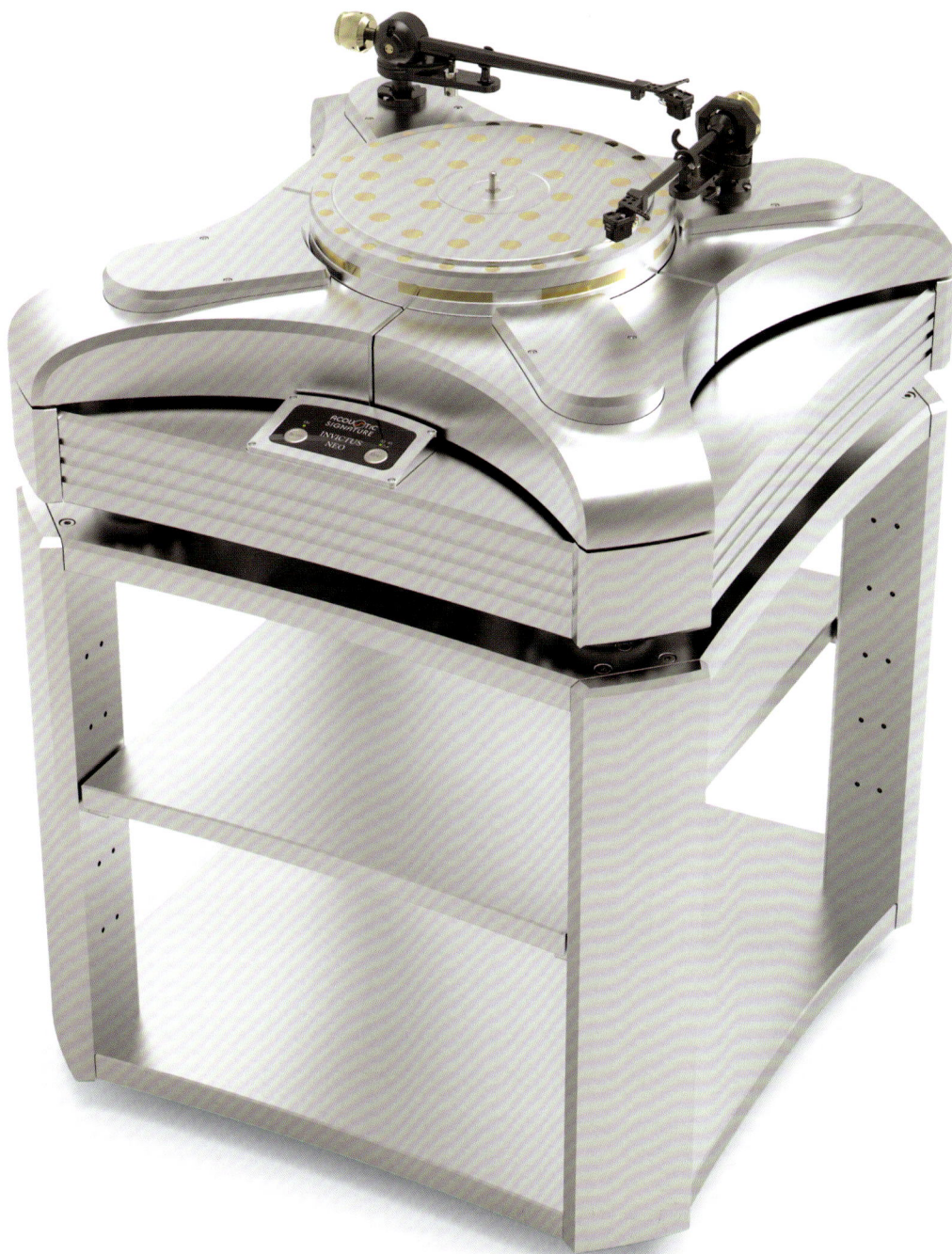

○○　Döhmann（多曼）

　　早在马克·多曼（Mark Döhmann）为Continuum Audio Lab的Caliburn唱机做出贡献之前，这位航空工程师就对模拟重放及其机械潜能着迷。到2011年，多曼的协作才能让他结识了弗兰克·施罗德（Frank Schroeder）和鲁门·阿尔塔斯基（Rumen Artarski）。他们共同设计了Döhmann公司的第一台唱机Helix One和唱臂Schroeder CB。Helix One应用了医学成像、电子显微镜、纳米技术测量和航空航天设计领域的技术，堪称模拟设计领域的应用科学杰作。这一点在它的隔离和谐振控制系统中尤为突出。2018年，由于对唱机设计的贡献，马克·多曼荣获《声音与视觉》（Sound and Vision）杂志颁发的"模拟音频和行业服务终身成就奖"[111]。

5.11　HELIX ONE MK2唱机，DÖHMANN，2019年

5.11

○○　Analog Manufaktur Germany（AMG）

　　由维尔纳·罗施劳（Werner Röschlau）创立的巴伐利亚公司AMG于2011年进入这个领域，迅速因其声音品质和优雅设计赢得了追随者。AMG首创了由弹簧钢制成的两点唱臂轴承机构，该机构被用在当前的9W和12J唱臂中。媒体将AMG的唱机与徕卡相机相提并论，称赞AMG对精密工艺和精细加工部件的重视。AMG的极简主义和简洁的控制按钮背后掩藏了设计中的工程学，尤其是Viella和Giro型号。早期，该公司在底座上采用了航空级铝材（可能是因为罗施劳的航空工程背景）以及Lorenzi电动机，此电动机因其自润滑的烧结青铜轴承而备受推崇。

5.12　V12唱机，AMG，2010年

5.12

5.13

5.14

5.15

5.16

○○　　Kronos（克洛诺斯/克诺斯）

　　加拿大公司Kronos（克洛诺斯/克诺斯）创造了21世纪最具视觉吸引力的设计之一。继木村准二的Koma唱机之后，Kronos同样采用了两个反向旋转的唱盘，每个唱盘重30磅（13.6千克），所有这些都是为了减少振动、共振和机械噪声。Kronos在速度稳定性方面投入了大量精力，使用了DC计算机速度控制器和重质量负载稳定底座。

5.17	KRONOS PRO唱机，KRONOS，2012年
5.18	SPARTA 唱机，KRONOS，2013年

5.17

5.18

○○　Bergmann（伯格曼）

在当前的模拟复兴中，有许多企业来自丹麦这个有着丰富多彩音响设计历史的国家，这绝非偶然。Bang & Olufsen是该国模拟技术最出色的代表。当人们考虑到该公司各种唱机和标志性的中世纪元素时，这一点尤其明显。此外，Duelund、Gryphon、Jantzen、Horning和Vitus等品牌也都为证明该国的模拟技术地位做出了贡献。在这个发源地，机械工程师约翰尼·伯格曼（Johnnie Bergmann）于2008年创立了自己的公司，并发布了第一款唱机Sindre。伯格曼将他的工程知识和方法应用于空气轴承唱机和空气轴承正切唱臂。采用空气轴承的Galder型号反映了Bergmann最高等级的设计目标，采用气浮唱盘，从而避免了机械轴承噪声。

5.19　GALDER唱机，BERGMANN，2017年

5.19

5.20

5.21

5.22

5.23

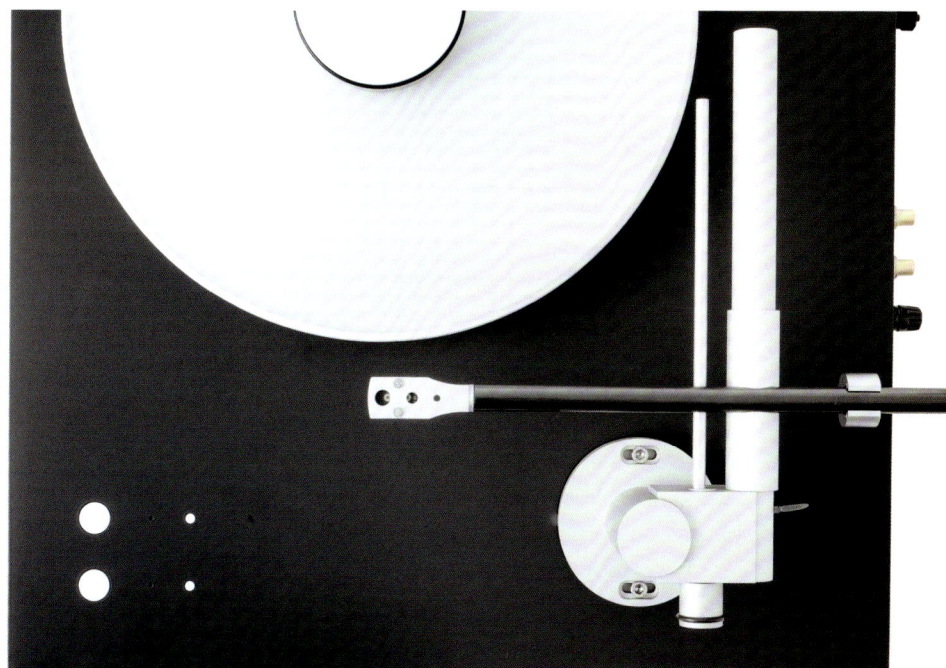

○○　Continuum Audio Labs

澳大利亚公司Continuum为模拟领域引入了一个新颖的概念。传统上，通常由一位独立的设计师负责唱机设计的所有方面，设计通常并非基于团队协作，而更经常的是源于个人的独立构思。Continuum认为这种个人主义方法是唱机开发的障碍，因此很早就组建了一个设计团队，每个成员都贡献一项独特的技能。2005年，Continuum的主要团队由首席工程师马克·多曼（Mark Döhmann）、乔·佩西科（Joe Persico）和迈克尔·巴里巴斯（Michael Baribas）组成，发布了三底盘的Caliburn（王者之剑）唱机和Cobra（眼镜蛇）唱臂。这款充满雄心壮志的真空唱盘唱机被誉为游戏规则的改变者，特别是它独特的悬挂，使其与周围环境隔离。几年后，在新的设计团队的带领下，除了独立安装座上的隔离电动机外，大质量、无底座的Obsidian（黑曜石）型号还创造性地利用冶金学，大量地使用钨。

| 5.24 | CALIBURN 唱机及COBRA唱臂，CONTINUUM，2005年 |
| 5.25 | OBSIDIAN唱机及VIPER唱臂，CONTINUUM，2016年 |

5.24

5.25

○○　Clearaudio（清澈）

Clearaudio（清澈）由彼得·苏奇（Peter Suchy）创立于1978年，它首先发布了一款动圈（MC）唱头，在20世纪70年代和80年代High-End音响崛起期间，成为知名的High-End MC唱头主要供应商。该公司与Goldmund（高文）合作推出了Clearaudio Goldmund MC唱头，此唱头经常搭配Goldmund的T3唱臂使用。随后，Clearaudio转向唱机生产，如今已成为在世界上占据主导地位的企业之一，拥有广泛的产品线。然而，对该公司的模拟地位做出贡献的并不是它的唱机，而是它早期采用Souther Engineering（索瑟工程）的经典正切唱臂。在20世纪80年代，Clearaudio购买了位于波士顿的Souther及其Tri-Quartz（TQ）正切唱臂技术[112]。Clearaudio Souther TQ-1仍在生产中，是对原始设计的改进，现在名为Statement TT1。

5.26 - 5.27	STATEMENT V2 唱机及TT1-MI唱臂，CLEARAUDIO，2016年 [下方；及次页，左]
5.28	MASTER INNOVATION唱机及TT1-MI 唱臂以及OLYMPUS机架，CLEARAUDIO，约2014 年

5.26

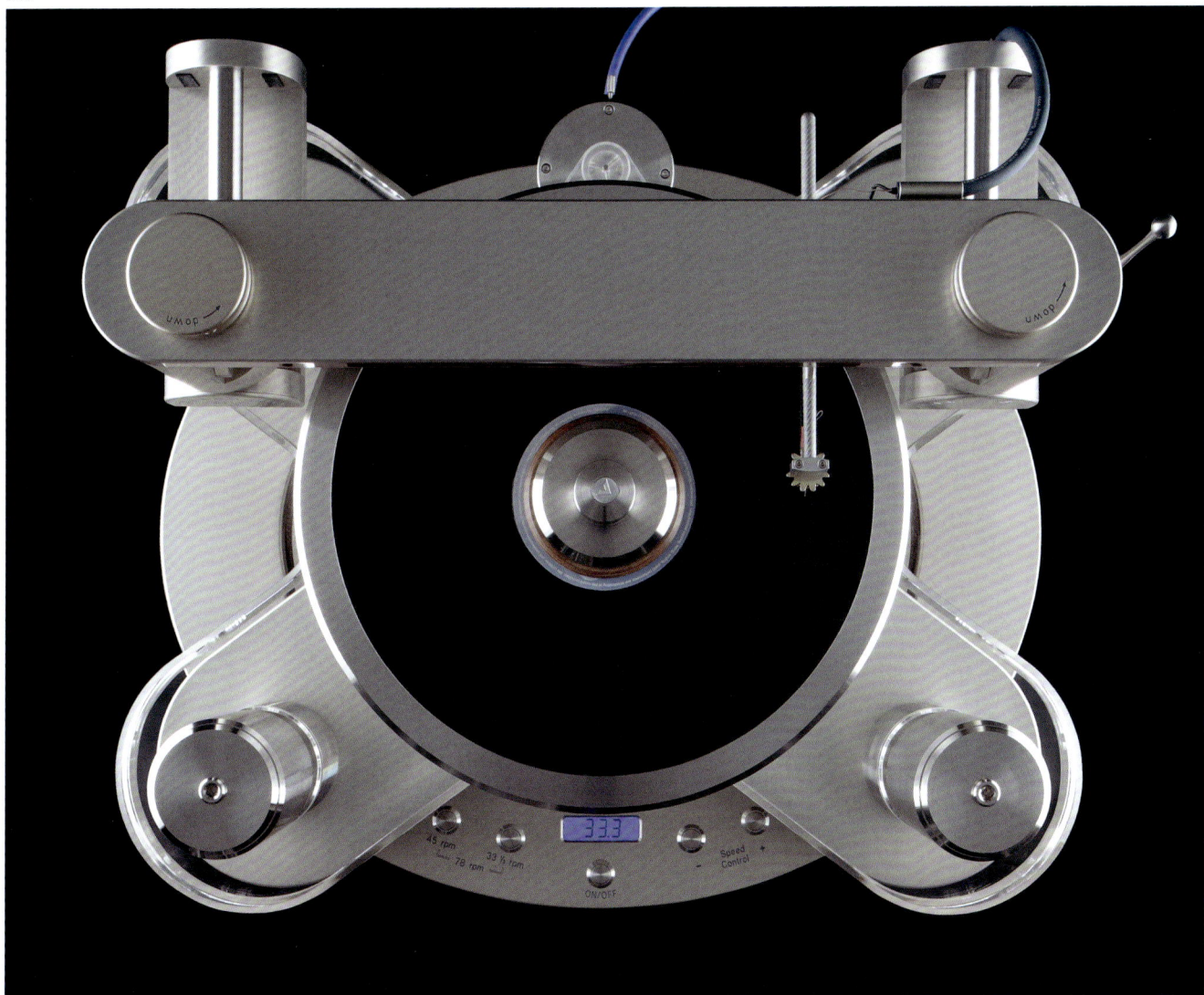

5.28

○○　CSPort

在过去的数十年间，日本在不断发展的唱机设计中占据了重要地位。Micro Seiki、Nakamichi和Technics为提升该国的模拟技术设定了很高的标准。但到了20世纪90年代，只剩下Technics留下来继续高举日本唱机传统的火炬——尽管比过去的极致模拟流派更加主流化。就日本High-End设计行业而言，所有人才都被数字化所吸引，多年来，模拟的衰落似乎已经确定了未来。但随着黑胶唱片的复苏，日本重新成为一个强大的玩家。CSPort与日本企业TechDAS一起复兴了大质量唱机、气浮唱盘和气浮正切唱臂。LFT1M2的先锋设计完美地体现了这一努力，它配备重达220磅（99.8千克）的花岗岩底座、仅靠惯性旋转的悬浮唱盘、气浮线性循迹唱臂和为唱盘和唱臂供气的医疗级气泵。为了减少摩擦，CSPort使用细线皮带，而不是行业标准的橡胶材料。

5.29	TAT2M2 唱机，CSPORT，约2021年
5.30 - 5.31	LFT1M2 唱机系统，CSPORT，约2021年

5.29

5.30

5.31

○○　DaVinci Audio Labs（达·芬奇音响实验室）

　　另一家新近崛起的瑞士公司是由彼得·布雷姆（Peter Brem）创立的 DaVinci Audio Labs（达·芬奇音响实验室）。它的唱机和唱臂被媒体誉为"世界上保真度最高的唱机和唱臂"之一，它的 Reference 唱机帮助 Da-Vinci 成为瑞士新兴唱机行业的主要参与者[113]。Reference 当前的版本 MK II 带有 4 个唱臂底座，重量为 364 磅（165.1 千克），并通过静音磁力轴承技术、独立电动机和控制单元及集成式唱盘阻尼系统解决振动问题。其限量版 Reference（仅生产 77 台）采用阿斯顿·马丁汽车玛瑙黑外观，配有两个唱臂，进一步增强了该品牌的独特性。

5.32

5.32 GABRIEL REFERENCE MK II MONUMENT唱机，DAVINCIAUDIO，约2011年

5.33 GABRIEL REFERENCE MK II 阿斯顿·马丁玛瑙黑唱机，DAVINCIAUDIO，约2011年

5.33

○○　Wilson Benesch（金驰）

很少有公司能像Wilson Benesch（金驰）那样地坚定地坚持对模拟技术的信念。1989年，在唱机经常被遗弃在路边的时候，这家年轻的英国公司通过向英国贸易和工业部提交商业计划而诞生。该计划指出，作为一种音乐格式，黑胶唱片比CD更可取，并且可以使用新型先进材料在市场上创造独特且可行的新产品。资助获得批准后，Wilson Benesch成立并立即发布了第一款同名唱机。这款唱机的创新与突破在于使用碳纤维来制造其副底盘，这是这种材料在唱机设计中的第一个实例[114]。随着对碳纤维应用知识的增加，Wilson Benesch推出了由该材料制成的A.C.T.唱臂。近30年后，该公司继续在它当前的A.C.T.25中使用碳纤维唱臂。如今，各种各样采用碳纤维的唱机和唱臂设计都应当感谢Wilson Benesch，是它开创了该材料在模拟设备中的恰当应用。

5.34　CIRCLE 25唱机及A.C.T. 25唱臂，WILSON BENESCH，2014年

5.34

○○　De Baer（帝霸）

就像日本一样，瑞士也经历了模拟设备从曾经的强大到衰落的过程。进入20世纪90年代，Goldmund和Revox停止了唱机生产。Thorens虽然仍在生产唱机，但其市场影响力和知名度已大不如以前，曾经辉煌的Lenco几乎成了史前记忆。在接下来的几年里，瑞士仍然拥有一个充满活力的High-End音响行业，却没有任何模拟设备的发展。毫不奇怪，凭借该国在唱机工艺方面悠久的历史，近年它重新成为现代模拟创新的热点区域。De Baer（帝霸）是一家延续瑞士传统的企业，由库尔特·贝尔（Kurt Baer）创立，于2013年开发了第一款唱机。在精密工程公司Jetmax的协助下，De Baer唱机和唱臂展现了极高的技术复杂性，与该公司的整体石材设计相得益彰。De Baer非常强调通过硬化钢珠将唱盘轴承及唱臂底座与唱机底座隔离。此外，它还采用磁力驱动的悬浮转盘。De Baer的双碳纤维唱臂进一步展现了这个新瑞士品牌的综合实力和前沿视野。

5.35　TOPAS 12-09 及ONYX唱臂，DE BAER，2018年

5.35

5.36

5.37

5.38

5.39

○○   Reed（里德）

这家立陶宛公司是前无线电工程师维德曼塔斯·崔克斯（Vidman-tas Triukas）的结晶，他拥有关于远程弹道导弹等离子体声学噪声的专利。崔克斯将他的才能转向更为和平的应用，创建了21世纪最具创新性的唱机公司之一。Reed（里德）的Muse 3C唱机展现了该公司的创造力，因为该唱机同时采用摩擦驱动（就像Garrard 301一样）和皮带驱动机制。通过简单地更换牵引辊并安装皮带，用户可以根据主观声音偏好在两种驱动系统之间切换。

5.40	MUSE 3C唱机，REED，20世纪10年代中	
5.41	MUSE 1C唱机，REED，20世纪10年代中	

5.40

5.41

○○　Rega（君子）

　　Rega（君子）成立于1973年，总部位于英国，堪称延续到21世纪生产时间最长的唱机制造商之一。它的主要影响力来源于Planar 3型号，该型号于1977年推出，至今仍然在生产。Rega在模拟圈中地位显著上升的原因既不是由于极致的美学设计，也不是由于High-End的奇异概念。相反，该公司打破了Acoustic Research、Linn和Thorens等公司确立的柔性悬挂模式，转而采用轻质但坚固的实心底座。Rega采用橡胶脚垫，其无悬挂和皮带驱动设计成为卓越音质与英国价值的代名词。Rega创造并定义了由高品质和价值为核心的唱机设计细分市场，多年来赢得了持久的声誉和赞许："很少有高保真组件比Rega的Planar 3唱机寿命更长或影响更大。[115]"

5.42　PLANAR 3唱机，REGA，1977年（此款，2016年）

5.42

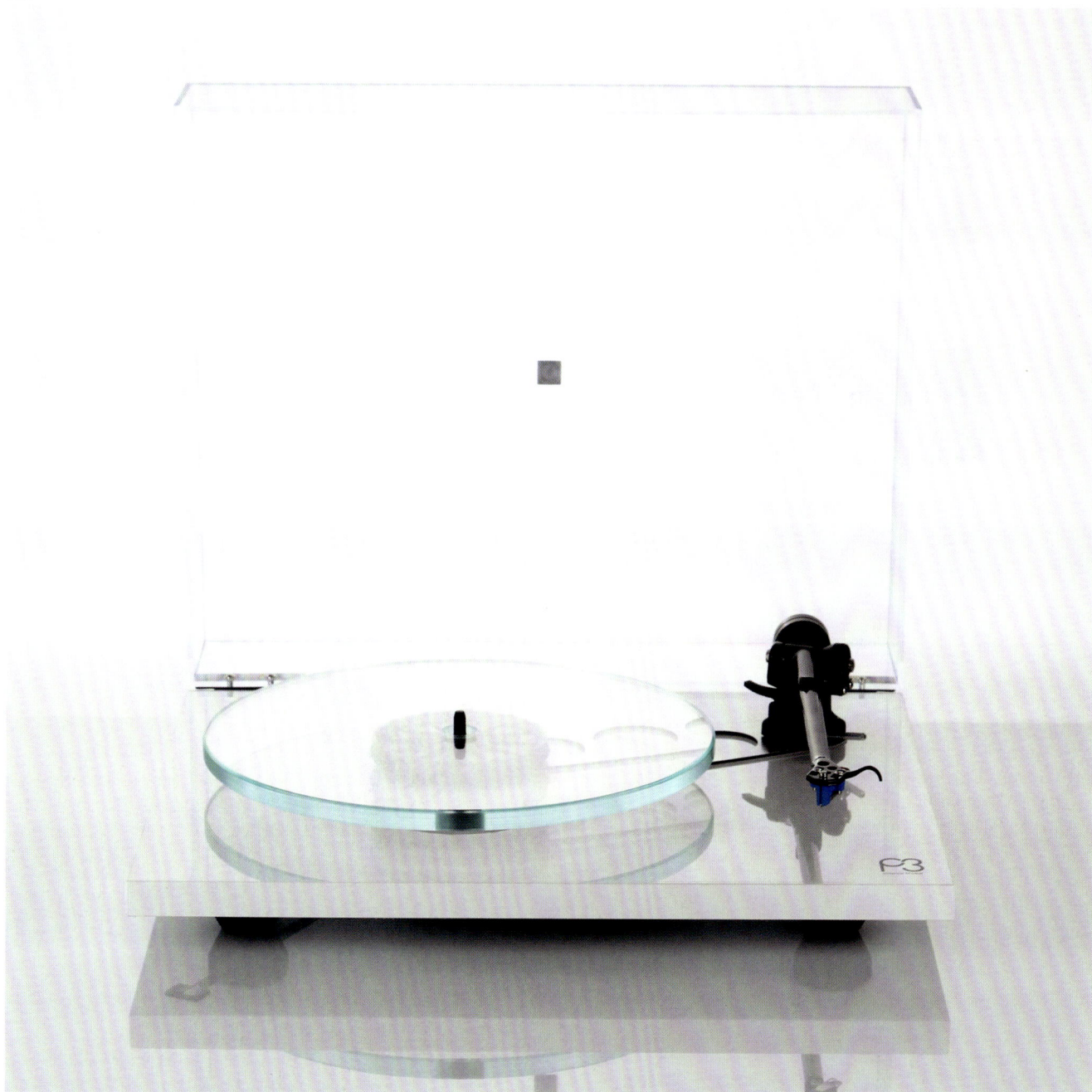

5.43

5.44

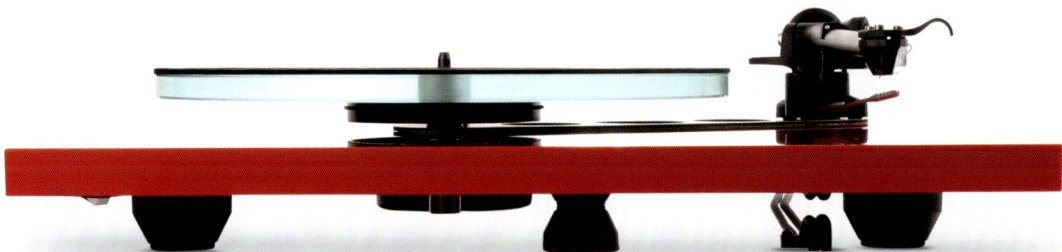

5.45

5.46

○○　**Shindo Laboratory（新藤实验室）**

　　与Thorens、Technics以及其他经典唱机一样，Garrard 301已成为模拟复兴期间最受追捧和最爱被修复的唱机之一。毫无疑问，充足的Garrard修复套件和专业工匠的供应对此是有帮助的。然而，在Garrard 301修复这个细分领域中，日本新藤（Shindo）重新定义了这款惰轮驱动经典产品的内在潜能。为此，新藤对轴承进行了改进，以实现更平稳的操作，并提供了实木多层板底座以及定制转盘。此外，新藤还根据其规格重新设计了EMT 12英寸唱臂和Ortofon立体声唱头。通过这种全面的方式，新藤试图彻底重新诠释备受推崇的Garrard 301。

5.47　Garrard 301 唱机，GARRARD，由SHINDO修复并升级，约2010年

5.47

○○　**Simon Yorke Designs（西蒙约克设计）**

西蒙·约克（Simon Yorke）是新千年出现的最古怪、最有才华的唱机设计师之一。1985年，他首次设计出造型独特的Aeroarm空气轴承正切臂，并不断对其进行改进，他这样宣称它的吸引力："Aeroarm不适合胆小的人。它不是'即装即忘'的设备。它既不是作为'产品'设计的，也不宣传承诺。它不会为你赢得时间，也不会方便你的生活。确实，它可能会让你发疯……那么，它是什么？Aeroarm是一种声学显微镜，一种用于提取存储在模拟唱片声槽中的信息的仪器。它这样做时不带任何判断，只是'如实呈现'，没有阿谀奉承、偏见或欲望。[116]"约克诙谐而善意的描述中隐含着一种在黑胶唱片重播中找回残酷真相的理念。这一理念也是他所有唱机的基础，也许正是这个原因让他获得了他最重要的客户：美国国会图书馆，该图书馆使用西蒙约克的唱机来归档历史黑胶唱片收藏。

5.48	S10唱机及AEROARM唱臂，SIMON YORKE，约2010年
5.49	S9 VERSION 3（PURE）唱机，SIMON YORKE，2020年

5.48

5.49

○○ Sperling（斯柏林）

在巨型唱机设计领域，Sperling（斯柏林）堪称杰出典范。然而，凭重量和外观并不足以定义其参考级的L-1唱机。Sperling的独特之处在于为唱机提供了不同的镶嵌材料选择，让用户能够获得不同的音色特征。根据用户的主观聆听偏好，可以选择多种材料，例如鸡翅木、葡萄牙泥质页岩或亚克力。Sperling似乎非常重视用户的可调节性，因为它还提供了皮带张紧器，可以对皮带进行微调，就像唱盘镶嵌一样，可以实现不同的音色特征。

5.50　L-1唱机，SPERLING，2013年

5.50

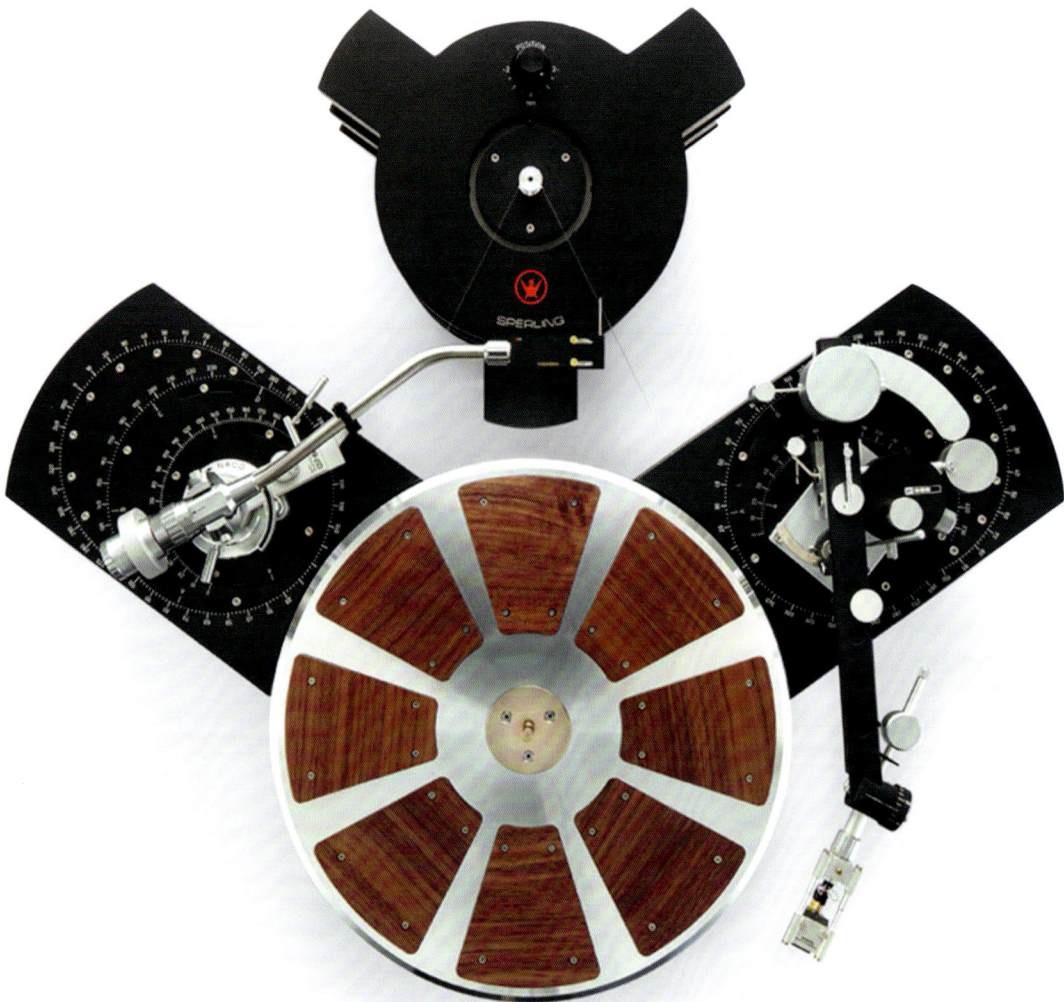

○○ Wave Kinetics（波动动力学）

21世纪的另一款顶级唱机是 Wave Kinetics（波动动力学）的NVS Reference。值得称赞的是，Wave Kinetics勇敢地开发了自己的实验室级直接驱动系统，而不与其他仅采用Technics电动机的企业为伍。除了电动机控制系统，Wave Kinetics还对振动衰减进行了深入研究。凭借特别调校的平台来支撑唱机、由实心金属坯料构成的高密度底盘和内部共振阻尼控制装置，NVS因其对模拟系统的创新性而受到赞誉。

5.51　NVS REFERENCE唱机，WAVE KINETICS，约2011年

5.51

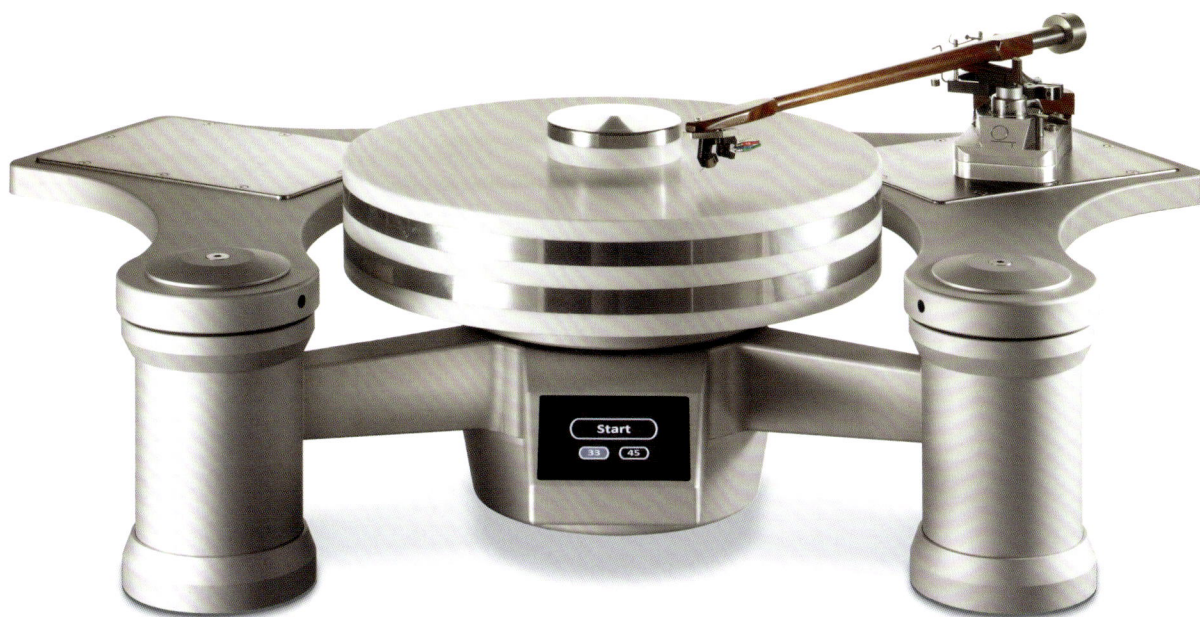

○○　Transrotor（盘王）

　　该公司由机械工程师约亨·雷克（Jochen Räke）于1976年创立，他在20世纪70年代初为Michell唱机设计做出贡献的同时，也积累了丰富唱机设计经验，这样的背景奠定了Transrotor（盘王）在模拟领域的领先地位。Transrotor在20世纪70年代涉足亚克力设计，并在磁性无摩擦轴承方面做出了开创性的工作，建立了强大的品牌忠诚度。延续到21世纪初，Transrotor最新的自由磁力驱动轴承技术将电动机与转盘通过磁力耦合，在该公司的铝和亚克力杰作Tourbillon FMD中得到了体现。Tourbillon配备多达3台电动机和一个倒置流体动力供油轴承，秉承了Transrotor的技术传统，并具有来自Michell原始设计的视觉元素。

5.52 - 5.53　TOURBILLON FMD 唱机，TRANSROTOR，2006 年[下方及对页]

5.52

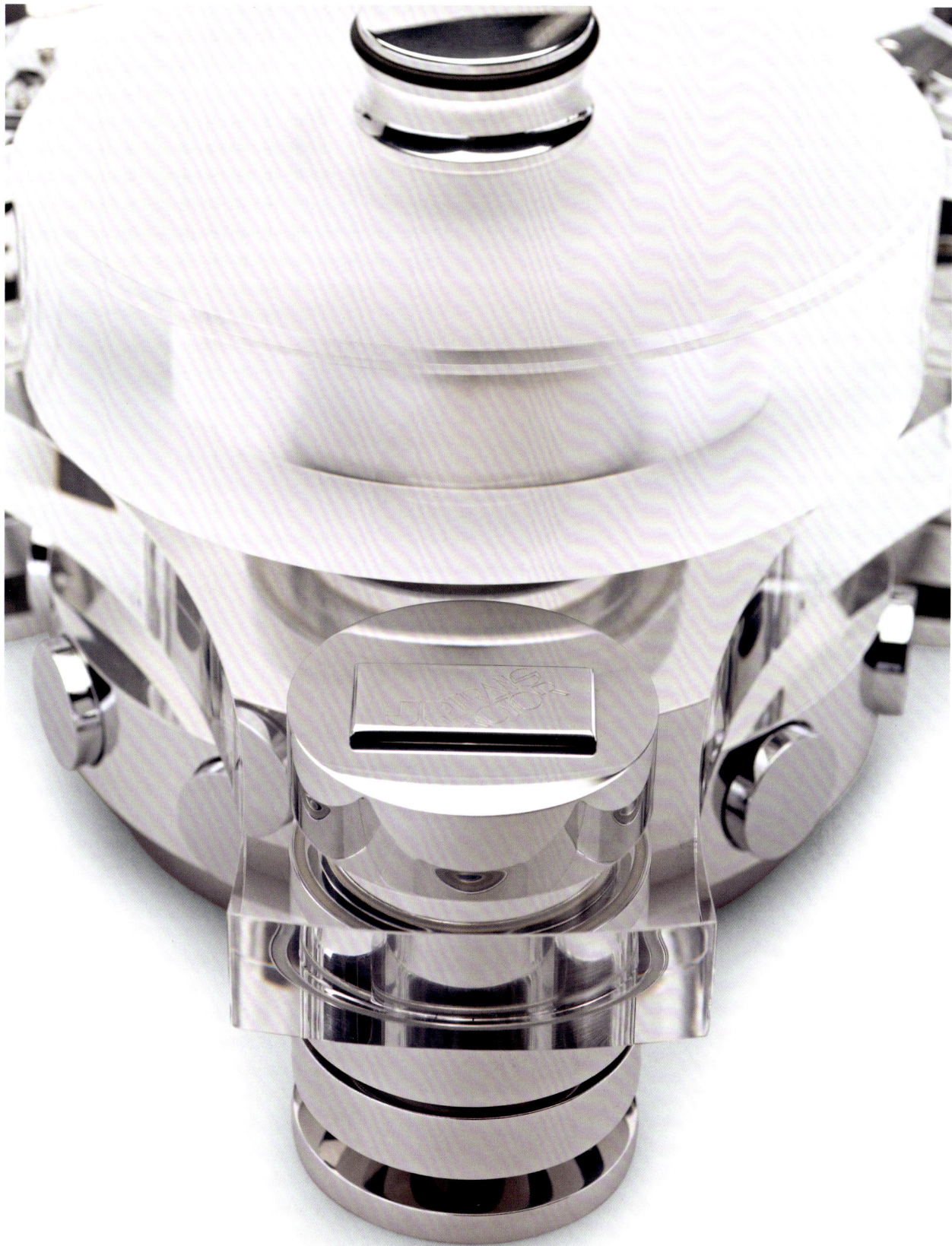

5.54

5.55

5.56

5.57

○○　TechDAS

作为20世纪80年代Micro Seiki（美歌）技术部门的管理者，西川英章负责监督雄心勃勃的SX-8000以及这个老品牌的其他开创性产品的开发。2010年，他创立了TechDAS，以美歌的创新为基石，主要专注于吸附唱片的真空密封技术和空气轴承转盘。对于Air Force Zero型号，TechDAS充分利用了以前用于磁带录音机的老式Papst电动机（现已罕见）的优点。西川在三相十二极同步电动机上安装了空气轴承和飞轮机构，以驱动高扭矩电动机。采用Papst电动机并不是唯一启发Air Force Zero的复古元素，因为此唱机的尺寸是根据20世纪50年代经典的EMT 927唱机设定的标准确定的。

5.58　AIR FORCE ZERO唱机，TECHDAS，2019年

5.59　AIR FORCE Ⅲ PREMIUM唱机，TECHDAS，2017年

5.58

5.59

5.60

5.61

○○　Thales（HiFiction AG）

　　瑞士对模拟艺术的贡献是毋庸置疑的。这个国家历史上的相关例子不胜枚举，但随着全球对黑胶唱片的兴趣重新燃起，Benz Micro、De Baer和DaVinci等公司让瑞士重新回到了人们的视野。然而，一个后来者已经成为模拟设计领域的主导者。Thales（泰雷兹或泰勒斯）制造唱机、唱臂、唱头和唱放，影响着黑胶唱片播放的方方面面。2018年，它进一步扩张，接管了EMT唱头，延续了这家传奇模拟公司的伟大传统。2005年，在米查·胡贝尔（Micha Huber）的领导下，Thales于2005年首次借鉴了20世纪50年代末Burne Jones Super 90正切唱臂所确立的先例。Thales的第一款唱臂并非纯粹的正切臂，更准确地说，它是具有切向循迹功能的枢轴臂。其设计理念遵循泰勒圆定理，该定理概述了构造切线的几何原理。在唱机设计方面，泰雷兹优美简约的TTT-Compact II采用独特的摩擦驱动和皮带驱动机构，通过两个滑轮和三个飞轮进行驱动。

5.62‐5.64　TTT-COMPACT II 唱机及STATEMENT唱臂，THALES，2016年

5.62

5.63

5.64

○○ TW Acustic（盘圣）

在许多情况下，品牌的核心和重要性无法仅用参数来衡量。21世纪出现了一个新的德国品牌，拥有该品牌唱机的唱片收藏家和黑胶唱片爱好者会更好地理解它的优点。在严肃的黑胶唱片收藏领域，纽约著名唱片收藏家杰弗里·卡塔拉诺（Jeffrey Catalano）选择TW Acustic（盘圣）作为他的参考工具，也许这是因为该公司在这个唱盘重达66磅（29.9千克）的Raven Black Night唱机中大量地使用铜，或者是因为此型号独特的带有机械加工皮带的三电动机机构。青铜唱臂板和轴承等细节或许也体现了它的保真度，这有助于解释它为何拥有黑胶唱片专家追随者。

| 5.65 | RAVEN AC唱机，TW ACUSTIC，2006年 |
| 5.66 | RAVEN BLACK NIGHT唱机，TW ACUSTIC，2009年 |

5.65

5.66

○○　Walker（沃克）

　　Walker（沃克）Proscenium Black Diamond（舞台黑钻）唱机被媒体誉为"所有High-End唱机的鼻祖"，它于20世纪90年代进入市场，正值黑胶复兴高潮[117]。在它现在的MK VI版本中，这款240磅（108.9千克）的唱机设计里程碑采用了"经过特殊处理的细粒结晶材料，可减少静电积聚并消除几乎所有EMI（电磁干扰）、RFI（射频干扰）和微波的影响，并应用于唱机运转的关键位置"[118]。该公司的典型设计包括空气轴承转盘和空气轴承正切唱臂，以及大量使用高密度大理石的底座和分离的电动机控制单元。尽管参考级唱机领域充满了各种各样的实例，Proscenium依然是唱机设计和制造的里程碑，被誉为有史以来最重要的唱机之一[119]。

5.67　PROSCENIUM BLACK DIAMOND VI MASTER REFERENCE 唱机，WALKER，2021年

5.67

○○ **Vertere（维尔特）**

凭借他的英国品牌Roksan（乐圣），资深唱机设计师Touraj Moghaddam（图拉·莫格达姆）在20世纪80年代和90年代声名鹊起。Roksan唱机（最著名的型号是Xerxes）在全球范围内赢得了一批追随者，并成为Linn LP12的有力竞争对手[120]。在21世纪初，Moghaddam过渡到他的新公司Vertere（维尔特），并再次挑战模拟传统的极限。Moghaddam与音乐行业的密切联系使他能够接触到母带，然后将它与他的唱机的声音进行对比。Vertere将这些工具应用于其参考级型号RG-1，采用精密主轴承，包括航空级磷青铜外壳、超精密碳化钨主轴、氮化硅球，以及两件式非共振合金和亚克力转盘。悬挂系统采用了精心设计的混合方法，具有三级顺性和两级刚性应用。在一次采访中，当被问及2040年的唱机与2020年的唱机有何不同时，Moghaddam回答道："2040年的唱机很可能由健身自行车或'绿色'能源设备提供动力——或许是通过风力涡轮机自供电，那太好了，因为如果我还活着，它肯定能让我继续做生意。[121]"

5.68	RG-1唱机，VERTERE，约2015年
5.69 - 5.70	SG-1唱机，VERTERE，约2015年

5.68

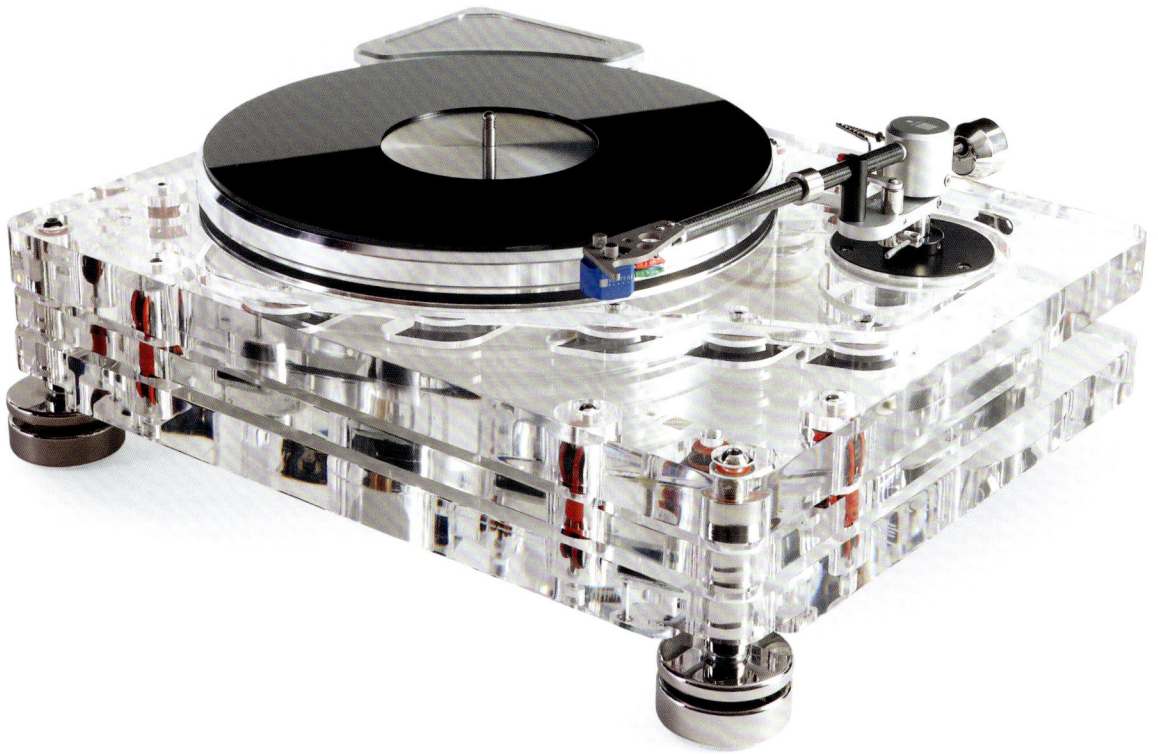

5.69

5.70

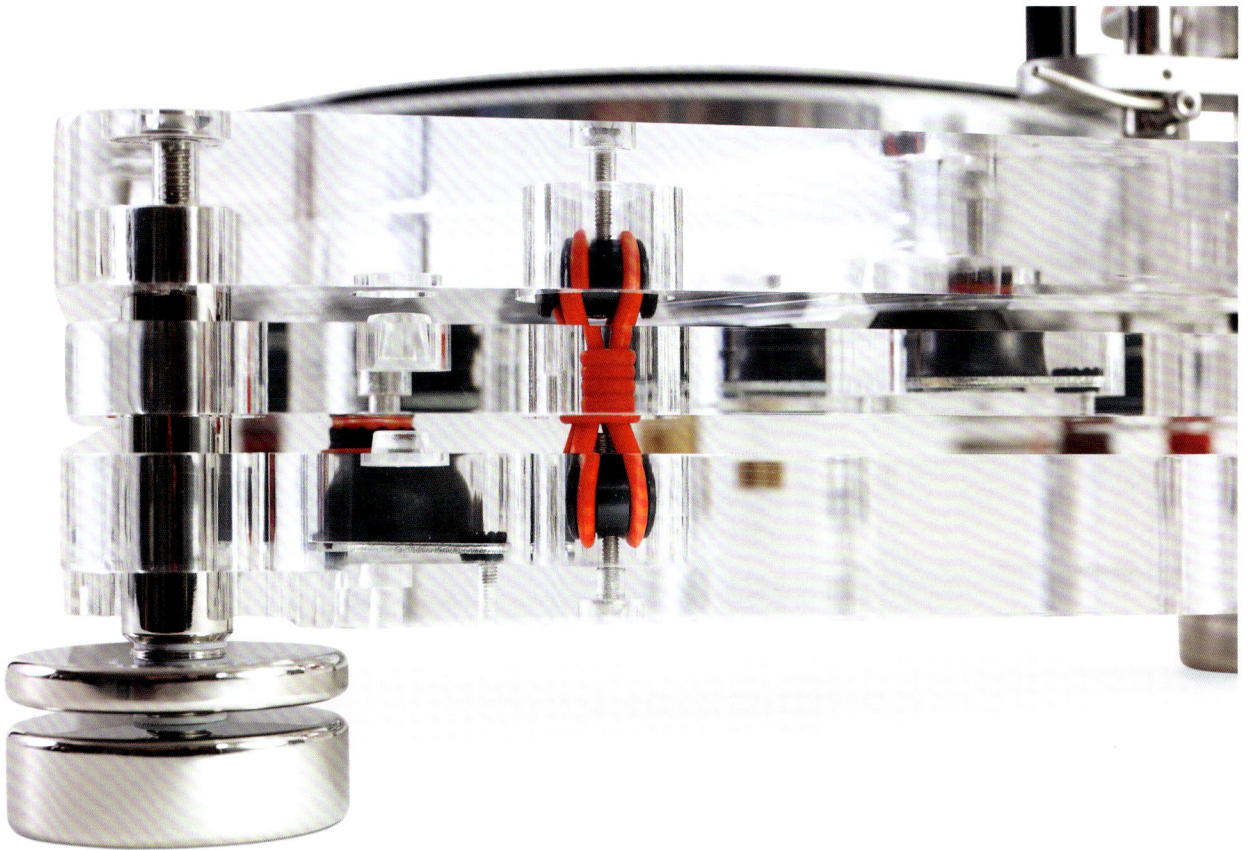

○○   Frank Schroeder（弗兰克·施罗德）

近30年以来，德国的Frank Schroeder（弗兰克·施罗德）一直致力于为模拟爱好者制作唱臂。拥有精密制表背景的Schroeder花费了大量时间思考如何通过使用钕磁铁来减少轴承摩擦，从而实现尽可能低的磨损。Schroeder的优雅设计将经典的德国设计重新引入到充斥着冷峻的金属制品的模拟领域，因其纯粹的美感而受到普遍赞赏。

5.71   NO. 2 唱臂，FRANK SCHROEDER，2012年

5.71

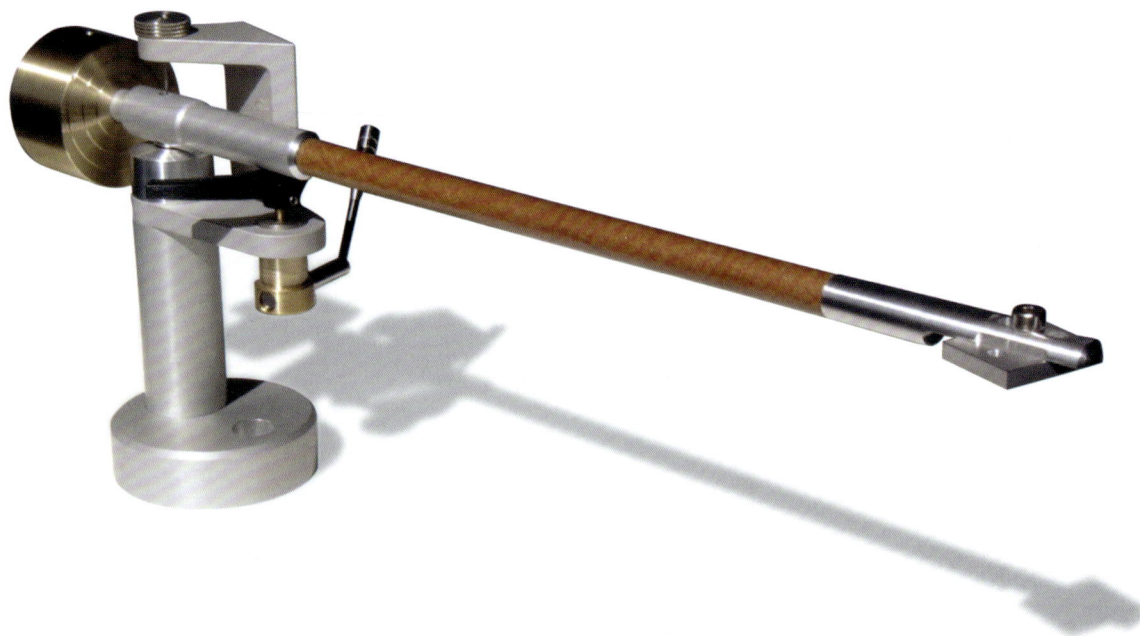

○○　Jan Allaerts（扬·阿拉茨）

　　总部位于比利时的Jan Allaerts（扬·阿拉茨）公司成立于1978年，可以被视为与日本手工时期的Supex或光悦相对应的欧洲同行。Allaerts煞费苦心地手工制作每个唱头，对外壳进行铣削和钻孔，并进行镀金处理。然而，Allaerts唱头的关键特点之一是其线圈绕组。例如MC2 Formula One动圈唱头，Allaerts要小心翼翼地手工缠绕20微米粗的金线。Allaerts采用了高度抛光的FG-S高科技钻石唱针尖，进一步完善了其设计。

| 5.72 | MC1 ECO 唱头，JAN ALLAERTS，21世纪初 |
| 5.73 | MC2 FORMULA ONE 唱头，JAN ALLAERTS，21世纪初 |

5.72

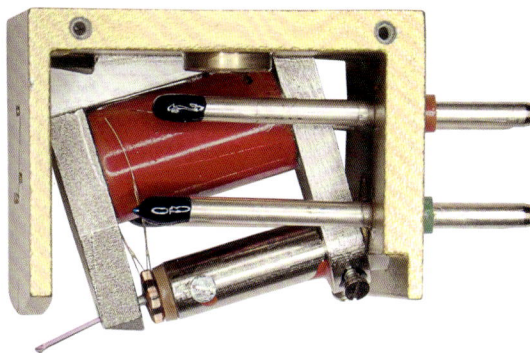

5.73

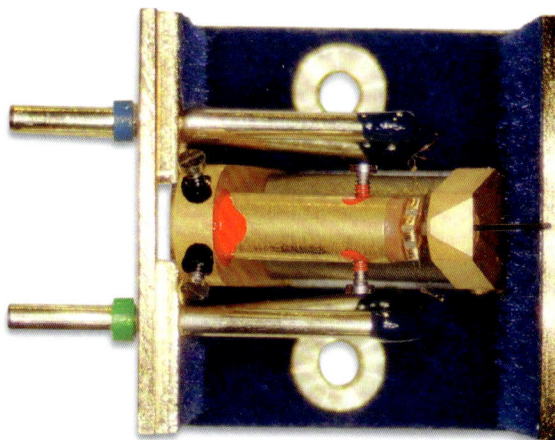

○○　Koetsu（光悦）

　　凭借在Supex积累的经验，Yoshiaki Sugano（菅野义信）在20世纪80年代初创立了Koetsu（光悦），并以日本艺术家Hon'ami Koetsu（本阿弥光悦）的名字命名。该公司对唱头设计的极致追求是其使命的核心。早期，菅野义信主张使用稀有的铂铁磁铁、高纯度6N铜以及珍奇的木料和石材。菅野义信的儿子文彦（Fumihiko）在父亲的指导下学习，并将他的传统延续到21世纪。例如，目前生产的Urushi Tsugaru采用传统漆艺手工髹涂，据称这种漆艺的历史可以追溯到九千年前。为了进一步美化这种匠人手作传世之宝，文彦在铜线圈上镀银，并搜寻缟玛瑙、玉石、蔷薇辉石和珊瑚石等宝石作为外壳材料。

5.74	URUSHI TSUGARU玫瑰木唱头，KOETSU，21世纪初
5.75	RHODONITE（蔷薇辉石）唱头，KOETSU，21世纪初
5.76	JADE PLATINUM（玉石铂金）唱头，KOETSU，21世纪初

5.74

5.75

5.76

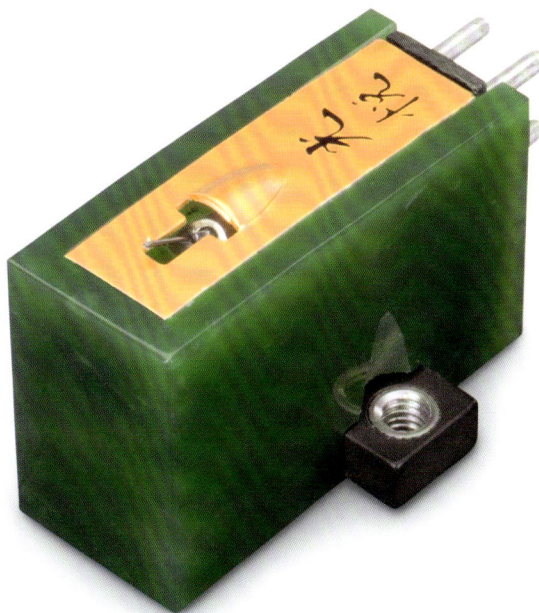

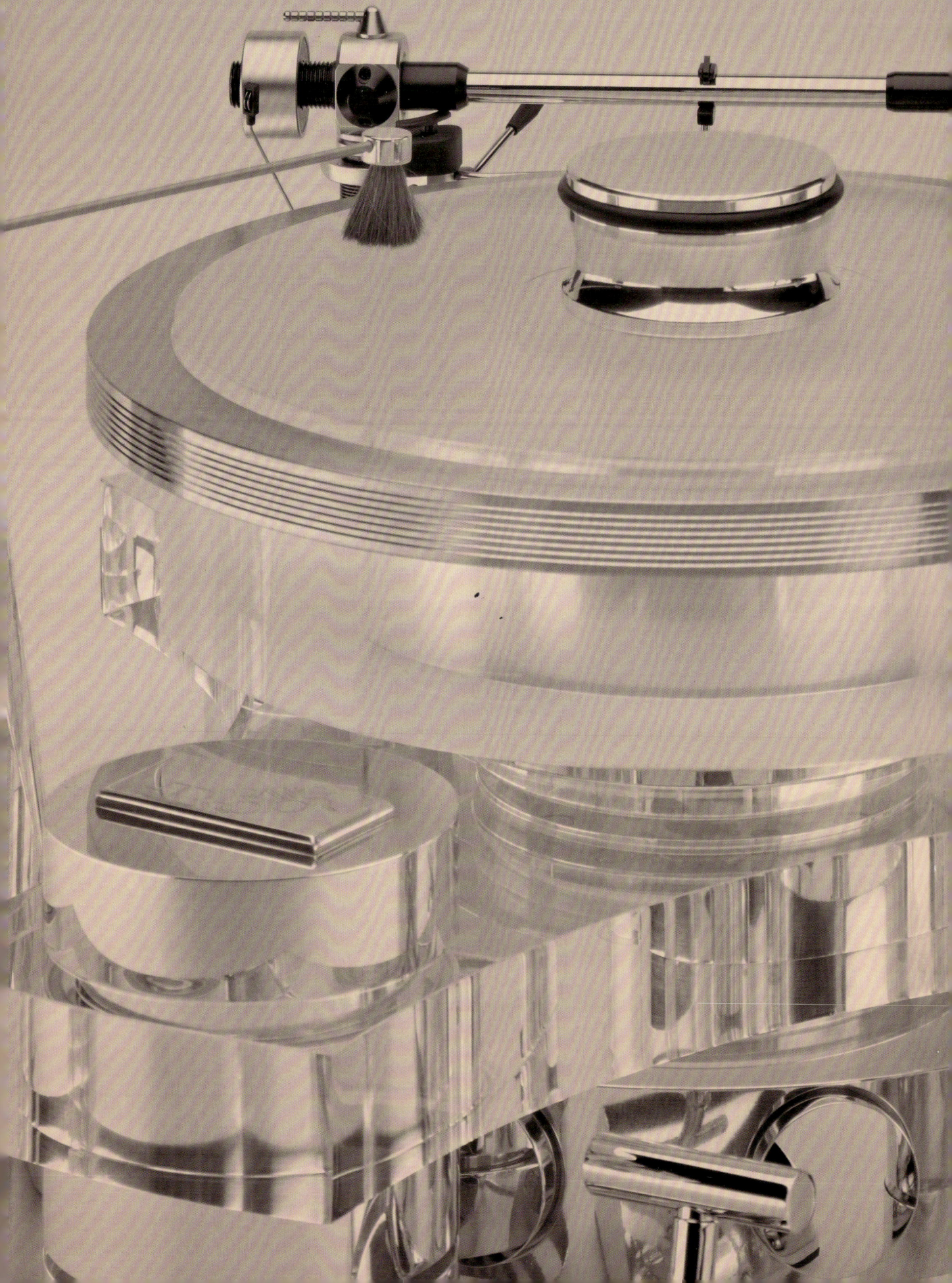